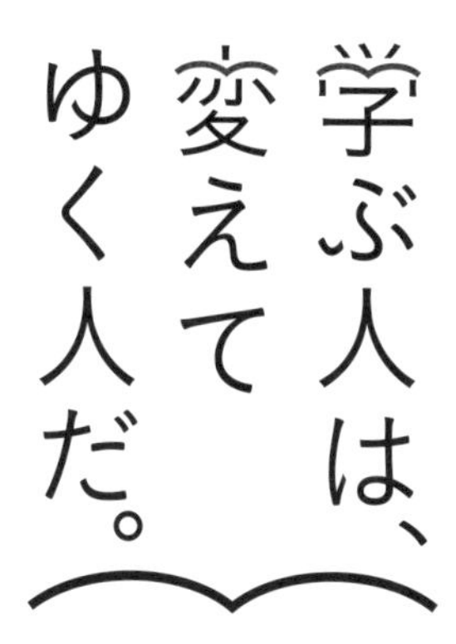

目の前にある問題はもちろん、

人生の問いや、

社会の課題を自ら見つけ、

挑み続けるために、人は学ぶ。

「学び」で、

少しずつ世界は変えてゆける。

いつでも、どこでも、誰でも、

学ぶことができる世の中へ。

旺文社

旺文社
中学総合的研究

中学
数学
公式・用語集

改訂版

旺文社

はじめに

数学の学習では，教科特有の用語や公式がたくさん出てきます。
勉強をしているとき，
「この公式の使い方がわからない！」
「用語がすぐにわかる本があったらいいのに…」
と思ったことはありませんか。

本書は，そんなみなさんに役立つ公式・用語集です。
学校で勉強しているとき，自宅でのテスト勉強中，塾での講義などで，わからない用語や公式が出てきたら，この公式・用語集を開いてみてください。わかりやすい言葉でそれぞれの用語の意味や公式の使い方をくわしく説明してあります。
教科書や問題集とあわせてこの公式・用語集をいつも手もとに置いてください。きっとみなさんのお役に立つはずです。

本書がみなさんの学習の手助けとなることを願っています。

株式会社　旺文社

目次

データの活用編

高校編

STAFF
装丁：及川真咲デザイン事務所（内津 剛）
装丁写真協力：アフロ
本文デザイン：小川 純（オガワデザイン）
編集協力：有限会社マイプラン　峰山俊寛
校正：山下 聡
イラスト：長田裕子

本書の特長と使い方

本書は，数学の用語の意味や公式の使い方を，
いろいろな場面ですぐに調べることができる公式・用語集です。
すぐにその意味や公式をひくことができるように工夫してあります。

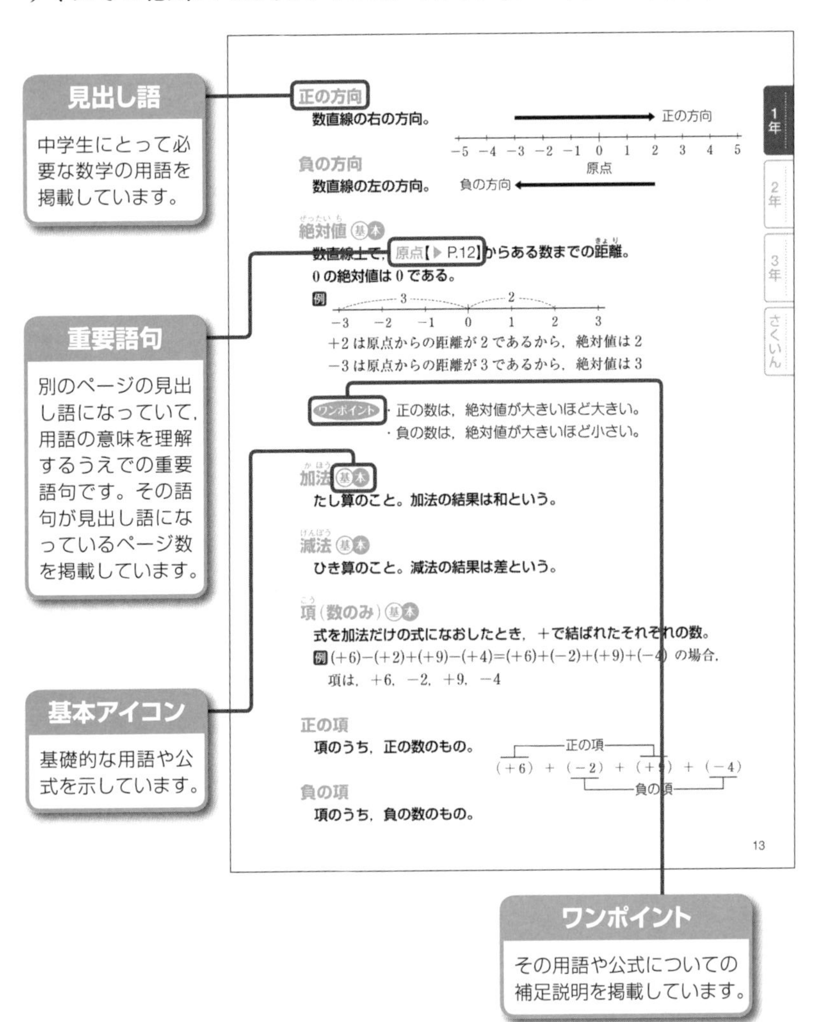

- ◉教科書や参考書にわからない用語や知りたい用語があったとき
- ◉教科書や参考書に出てきた公式の使い方を知りたいとき
- ◉テスト勉強中に意味や内容がわからない用語，公式が出てきたとき

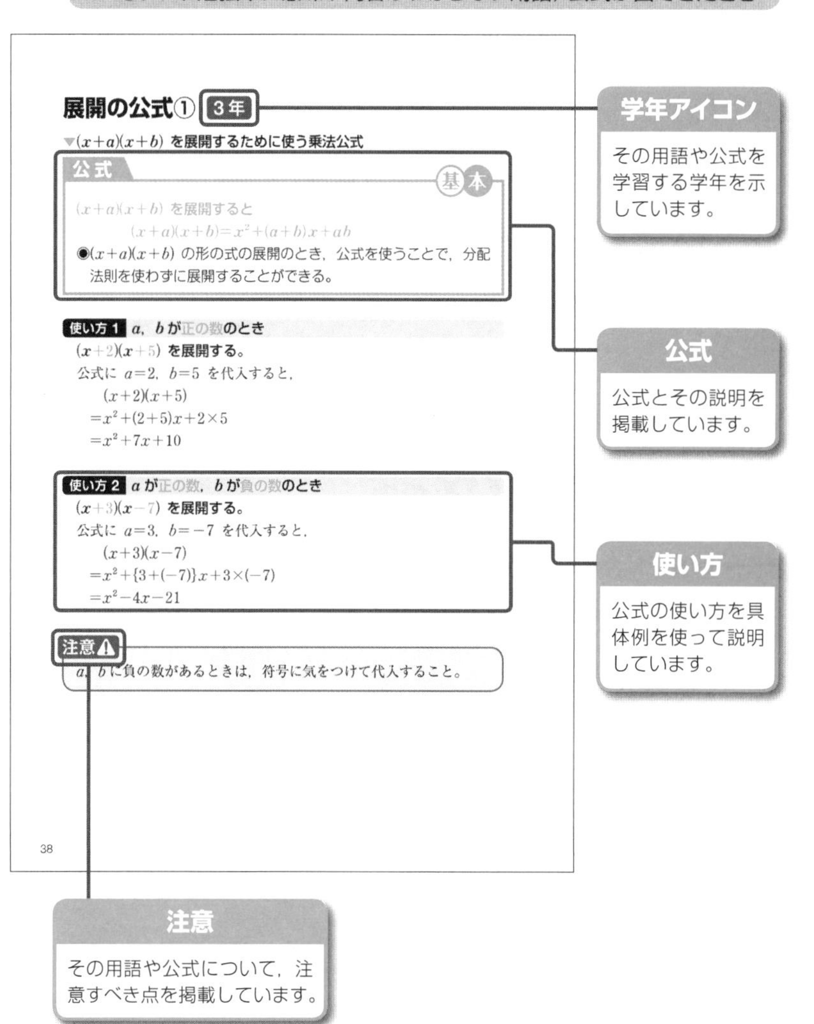

さくいん

見出し語と公式を収録しています。

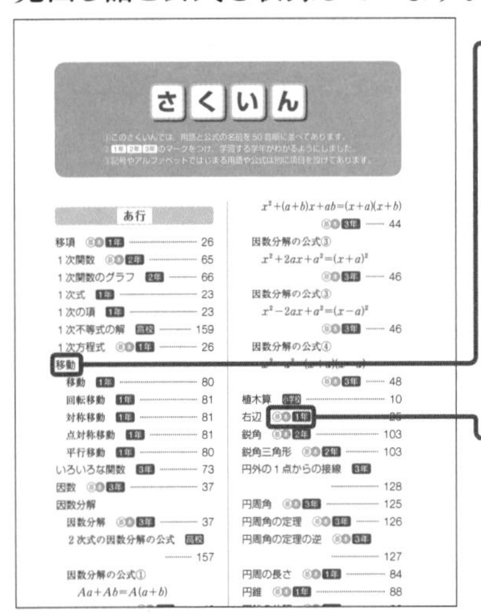

さくいん

①このさくいんでは，用語と公式の名前を50音順に並べてあります。
②1年 2年 3年のマークをつけ，学習する学年がわかるようにしました。
③記号やアルファベットではじまる用語や公式は別に項目を設けてあります。

あ行

移項 1年 …… 26
1次関数 2年 …… 65
1次関数のグラフ 2年 …… 66
1次式 1年 …… 23
1次の項 1年 …… 23
1次不等式の解 高校 …… 159
1次方程式 1年 …… 26
移動
移動 1年 …… 80
回転移動 1年 …… 81
対称移動 1年 …… 81
点対称移動 1年 …… 81
平行移動 1年 …… 80
いろいろな関数 3年 …… 73
因数 3年 …… 37
因数分解
因数分解 3年 …… 37
2次式の因数分解の公式 高校 …… 157
因数分解の公式①
$Aa+Ab=A(a+b)$
$x^2+(a+b)x+ab=(x+a)(x+b)$ 3年 …… 44
因数分解の公式③
$x^2+2ax+a^2=(x+a)^2$ 3年 …… 46
因数分解の公式③
$x^2-2ax+a^2=(x-a)^2$ 3年 …… 46
因数分解の公式④ 3年 …… 48
植木算 小学校 …… 10
右辺 1年 …… 26
鋭角 2年 …… 103
鋭角三角形 2年 …… 103
円外の1点からの接線 3年 …… 128
円周角 3年 …… 125
円周角の定理 3年 …… 126
円周角の定理の逆 3年 …… 127
円周の長さ 1年 …… 84
円錐 1年 …… 88

見出し語・公式

本文の見出し語と公式などを掲載しています。その用語や公式の名前の一部の単語からも探すことができます。

例

「相似な立体の表面積の比」

→「相似な立体の表面積の比」「表面積」「比」から探すことができます。

学年別アイコン・基本アイコン

1年 2年 3年 基本

その用語や公式を学習する学年，基礎的な用語・公式がひとめでわかるようにアイコンがついています。

基本事項・高校編

基本事項では，小学校で学習したり中学入試で使われたりする事項を厳選してまとめました。

また，高校編では，中学校で学習する数学と関連が深く，高校1年生で学習する数学の公式が掲載されています。

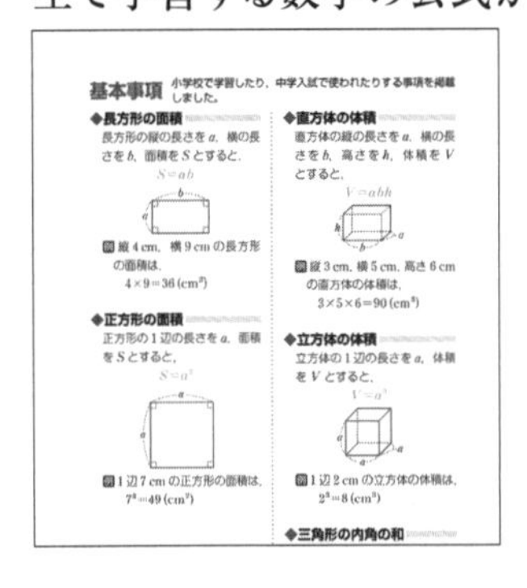

基本事項 小学校で学習したり，中学入試で使われたりする事項を掲載しました。

◆長方形の面積

長方形の縦の長さを a，横の長さを b，面積を S とすると，

$S=ab$

例 縦4cm，横9cmの長方形の面積は，
$4\times9=36$ (cm²)

◆正方形の面積

正方形の1辺の長さを a，面積を S とすると，

$S=a^2$

例 1辺7cmの正方形の面積は，
$7^2=49$ (cm²)

◆直方体の体積

直方体の縦の長さを a，横の長さを b，高さを h，体積を V とすると，

$V=abh$

例 縦3cm，横5cm，高さ6cmの直方体の体積は，
$3\times5\times6=90$ (cm³)

◆立方体の体積

立方体の1辺の長さを a，体積を V とすると，

$V=a^3$

例 1辺2cmの立方体の体積は，
$2^3=8$ (cm³)

◆三角形の内角の和

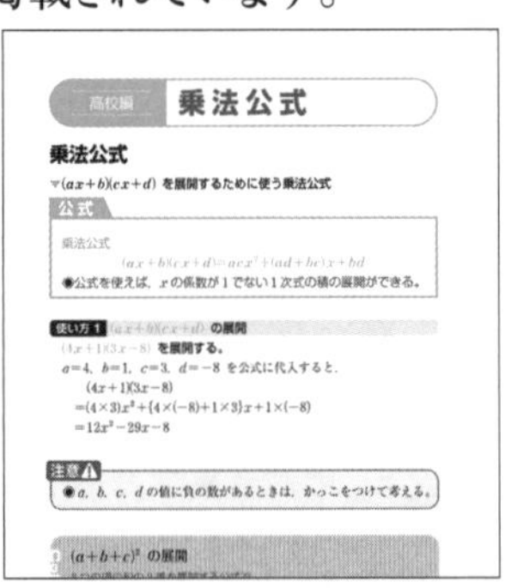

高校編 乗法公式

乗法公式

▼$(ax+b)(cx+d)$ を展開するために使う乗法公式

公式

乗法公式

$(ax+b)(cx+d)=acx^2+(ad+bc)x+bd$

●公式を使えば，x の係数が1でない1次式の積の展開ができる。

使い方1 $(ax+b)(cx+d)$ の展開

$(4x+1)(3x-8)$ を展開する。

$a=4$，$b=1$，$c=3$，$d=-8$ を公式に代入すると，

$(4x+1)(3x-8)$
$=(4\times3)x^2+\{4\times(-8)+1\times3\}x+1\times(-8)$
$=12x^2-29x-8$

注意

●a，b，c，d の値に負の数があるときは，かっこをつけて考える。

$(a+b+c)^2$ の展開

基本事項 小学校で学習したり，中学入試で使われたりする事項を掲載しました。

◆長方形の面積

長方形の縦の長さを a，横の長さを b，面積を S とすると，

$$S=ab$$

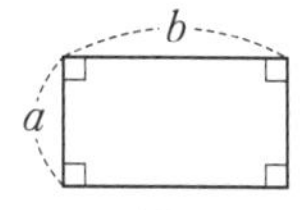

例 縦 4 cm，横 9 cm の長方形の面積は，

$4\times9=36\,(\text{cm}^2)$

◆正方形の面積

正方形の 1 辺の長さを a，面積を S とすると，

$$S=a^2$$

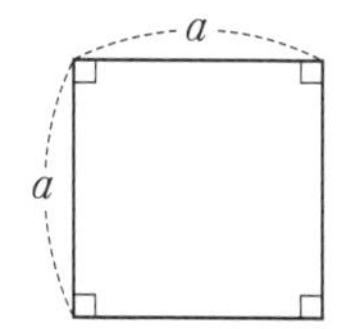

例 1 辺 7 cm の正方形の面積は，

$7^2=49\,(\text{cm}^2)$

◆直方体の体積

直方体の縦の長さを a，横の長さを b，高さを h，体積を V とすると，

$$V=abh$$

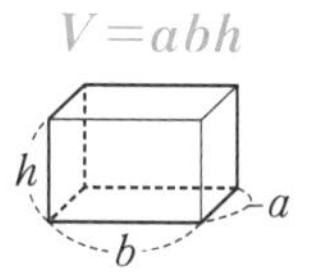

例 縦 3 cm，横 5 cm，高さ 6 cm の直方体の体積は，

$3\times5\times6=90\,(\text{cm}^3)$

◆立方体の体積

立方体の 1 辺の長さを a，体積を V とすると，

$$V=a^3$$

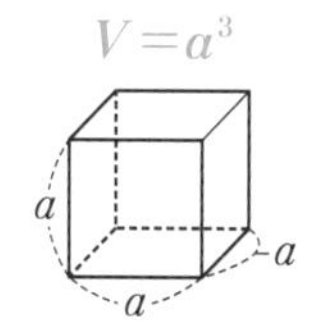

例 1 辺 2 cm の立方体の体積は，

$2^3=8\,(\text{cm}^3)$

◆三角形の内角の和

三角形の内角の和は 180° である。

例 $\angle\text{A}+\angle\text{B}+\angle\text{C}=180^\circ$

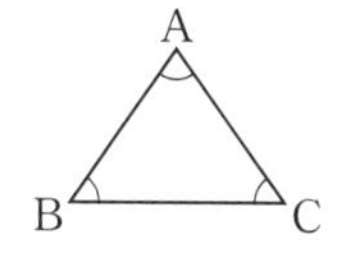

◆四角形の内角の和

四角形の内角の和は 360° である。

例 $\angle A+\angle B+\angle C+\angle D=360°$

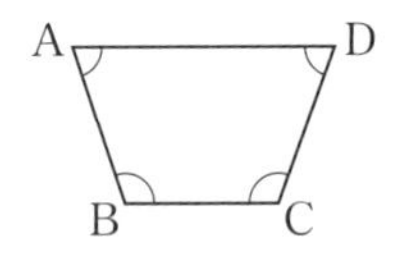

◆三角形の面積

三角形の底辺の長さを a，高さを h，面積を S とすると，

$$S=\frac{1}{2}ah$$

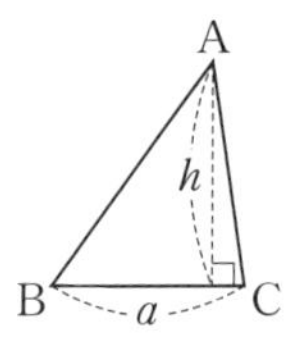

例 底辺が 6 cm，高さが 8 cm の三角形の面積は，

$$\frac{1}{2}\times6\times8=24\ (\mathrm{cm}^2)$$

◆平行四辺形の面積

平行四辺形の底辺の長さを a，高さを h，面積を S とすると，

$$S=ah$$

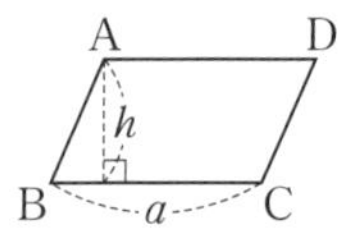

例 底辺が 4 cm，高さが 3 cm の平行四辺形の面積は，

$$4\times3=12\ (\mathrm{cm}^2)$$

◆台形の面積

台形の上底の長さを a，下底の長さを b，高さを h，面積を S とすると，

$$S=\frac{1}{2}(a+b)h$$

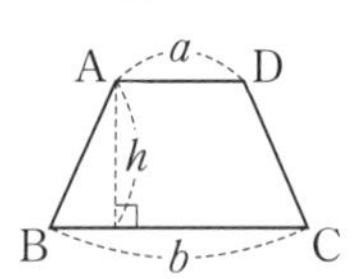

例 上底が 4 cm，下底が 6 cm，高さが 8 cm の台形の面積は，

$$\frac{1}{2}\times(4+6)\times8=40\ (\mathrm{cm}^2)$$

◆ひし形の面積

ひし形の一方の対角線の長さを a，他方の対角線の長さを b，面積を S とすると，

$$S=\frac{1}{2}ab$$

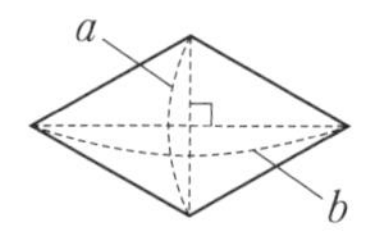

例 一方の対角線が 8 cm，他方の対角線が 12 cm のひし形の面積は，

$$\frac{1}{2}\times8\times12=48\ (\mathrm{cm}^2)$$

◆平均

平均＝合計÷個数

平均は，点数，重さ，長さなどの数量の合計を，回数，人数などの個数でわって求める。

例 テストの点数が，1回目70点，2回目75点，3回目80点のとき，この3回のテストの平均点は，

(70＋75＋80)÷3＝75(点)

合計＝平均×個数

例 3回のテストの平均点が60点のとき，3回のテストの合計点数は，

60×3＝180(点)

◆割合

割合
＝比べられる量÷もとにする量

例 あるスーパーでジュースを540本仕入れて売り出したところ，その日のうちに459本売れた。このときの，売れた本数は仕入れた本数の何%かを求めると，

459÷540＝0.85
0.85→85%

比べられる量
＝もとにする量×割合

例 あるスーパーでジュースを540本仕入れて売り出した。その日のうちに仕入れた本数の85%が売れたときの売れた本数は，

85%→0.85
540×0.85＝459(本)

もとにする量
＝比べられる量÷割合

例 あるスーパーでジュースを何本か仕入れて売り出した。その日のうちに459本売れて，それは仕入れた本数の85%だった。このときの仕入れた本数は，

85%→0.85
459÷0.85＝540(本)

◆速さ・道のり・時間

速さ＝道のり÷時間

例 3000mの道のりを進むのに15分かかったときの速さは，

3000÷15＝200 より，
分速200m

道のり＝速さ×時間

例 分速80mで16分間歩いたとき，進んだ道のりは，

80×16＝1280(m)

時間＝道のり÷速さ

例 時速 35 km で進む車が，140 km 離れた場所に向かうときにかかる時間は，

$140 \div 35 = 4$（時間）

◆時計算

x 分間に動く角度

長針…$6x°$

短針…$0.5x°$

例 12 分間に動く長針と短針の角度は，

長針…$6 \times 12 = 72°$

短針…$0.5 \times 12 = 6°$

◆仕事算

単位時間あたりの仕事量

＝1÷仕上げるのにかかる時間

例 ある仕事を仕上げるのに，Aが1人だと6日間，Bが1人だと3日間かかる。この仕事を2人でいっしょに進めると，何日で仕上がるかを求める。

Aの1日の仕事量は，

$1 \div 6 = \frac{1}{6}$

Bの1日の仕事量は，

$1 \div 3 = \frac{1}{3}$

よって，2人でこの仕事を仕上げるのにかかる日数は，

$1 \div \left(\frac{1}{6} + \frac{1}{3}\right) = 2$（日間）

◆植木算

・両端に木があるとき

木の本数＝間の数＋1

例
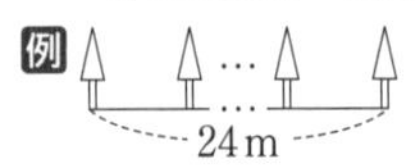

上の図のように，長さが 24 m のまっすぐな道に，木を 4 m おきに植えたとき，間の数は，$24 \div 4 = 6$ なので，木の本数は，$6 + 1 = 7$（本）

・両端に木がないとき

木の本数＝間の数－1

例
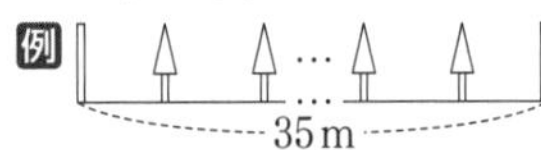

上の図のように，35 m 離れた2本の電柱の間に，木を 5 m おきに植えたとき，間の数は，$35 \div 5 = 7$ なので，木の本数は，$7 - 1 = 6$（本）

・周囲がつながっているとき

木の本数＝間の数

例 右の図のように，周りの長さが 112 m の池の周りに，木を 8 m おきに植えたとき，間の数は，$112 \div 8 = 14$ なので，木の本数は，14 本

数と式編

正の数と負の数

文字と式

方程式

式の計算①

連立方程式

式の計算②

平方根

2次方程式

数と式編

正の数と負の数

正の数・負の数・加法・減法・乗法・除法 1年

正(せい)の数 基本

0より大きい数。

例 1, 1.2, $\frac{3}{5}$ など。

正の符号(ふごう)・プラス

正の数を表すときに使う「＋」のこと。基準より高い(大きい)ものを表すときにも使う。

例 ＋5, ＋7.5 など。

負(ふ)の数 基本

0より小さい数。

例 −2, −0.9, $-\frac{3}{2}$ など。

注意⚠ 0は，正の数でも負の数でもない。

負の符号・マイナス

負の数を表すときに使う「−」のこと。基準より低い(小さい)ものを表すときにも使う。

例 −4, −0.2 など。

自然数(しぜんすう) 基本

正の整数のこと。

注意⚠ 0は正の整数にふくまれないので，自然数ではない。

整数

…, −3, −2, −1, 0, 1, 2, 3, …

負の整数　　正の整数(自然数)

原点(げんてん)(数直線) 基本

数直線上で，0が表す点。

正の方向

数直線の右の方向。

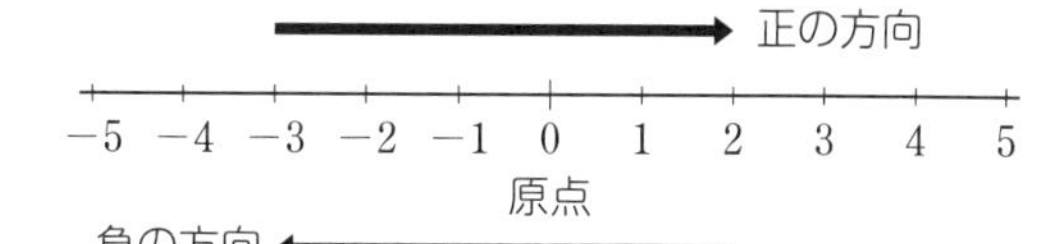

負の方向

数直線の左の方向。

絶対値（ぜったいち） 基本

数直線上で，原点【▶ P.12】からある数までの距離（きょり）。

0の絶対値は0である。

例

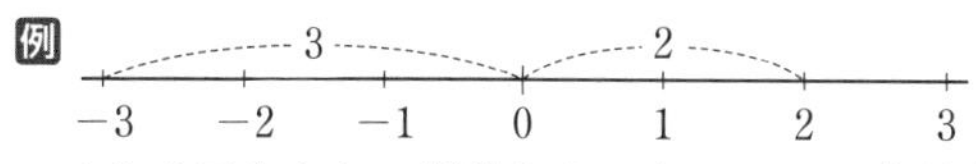

+2は原点からの距離が2であるから，絶対値は2

−3は原点からの距離が3であるから，絶対値は3

・正の数は，絶対値が大きいほど大きい。

・負の数は，絶対値が大きいほど小さい。

加法（かほう） 基本

たし算のこと。加法の結果は和という。

減法（げんぽう） 基本

ひき算のこと。減法の結果は差という。

項（こう）（数のみ） 基本

式を加法だけの式になおしたとき，＋で結ばれたそれぞれの数。

例 $(+6)-(+2)+(+9)-(+4)=(+6)+(-2)+(+9)+(-4)$ の場合，

項は，$+6$，-2，$+9$，-4

正の項

項のうち，正の数のもの。

正の項

$(+6) + (-2) + (+9) + (-4)$

負の項

負の項

項のうち，負の数のもの。

乗法（じょうほう） 基本

かけ算のこと。乗法の結果は積という。

除法（じょほう） 基本

わり算のこと。除法の結果は商という。

逆数（ぎゃくすう） 基本

2つの数の積が1のとき，一方の数を，他方の数の逆数という。

例 $\frac{2}{3}$ の逆数は $\frac{3}{2}$，6 の逆数は $\frac{1}{6}$

注意 負の数の逆数は負の数である。符号を逆にしてしまう間違（まちが）いに注意する。

$\left(-\frac{2}{5}\right)\times\left(-\frac{5}{2}\right)=1$ であるから，$-\frac{2}{5}$ の逆数は $-\frac{5}{2}$

累乗（るいじょう） 基本

同じ数をいくつかかけあわせたもの。

例 $\underbrace{3\times3\times3\times3}_{4\text{個}}=3^4$，$\underbrace{a\times a\times a}_{3\text{個}}=a^3$

指数（しすう） 基本

累乗で数を表すときに，右上に小さく書いた数。かけあわせた数の個数を示している。

例 $\underbrace{2\times2\times2}_{3\text{個}}=2^3$ ←指数

平方（へいほう）

2乗のこと。

立方（りっぽう）

3乗のこと。

四則（しそく）

数の加法【▶ P.13】，減法【▶ P.13】，乗法【▶ P.14】，除法【▶ P.14】**をまとめて四則という。**

ワンポイント 四則・かっこ・累乗をふくむ式の計算では，
かっこの中・累乗→乗除→加減
の順に計算する。

自然数の集合

自然数【▶ P.12】**全体の集まり。**

ワンポイント 自然数どうしの計算では，加法と乗法の結果はいつでも自然数になるが，減法と除法の結果はいつでも自然数になるとは限らない。

整数の集合

整数全体の集まり。

ワンポイント 整数どうしの計算では，加法，減法，乗法の結果はいつでも整数になるが，除法の結果はいつでも整数になるとは限らない。

例 $a+b\cdots(-1)+2=1$　○
$a-b\cdots(-1)-2=-3$　○
$a\times b\cdots(-1)\times 2=-2$　○
$a\div b\cdots(-1)\div 2=-\dfrac{1}{2}$　×

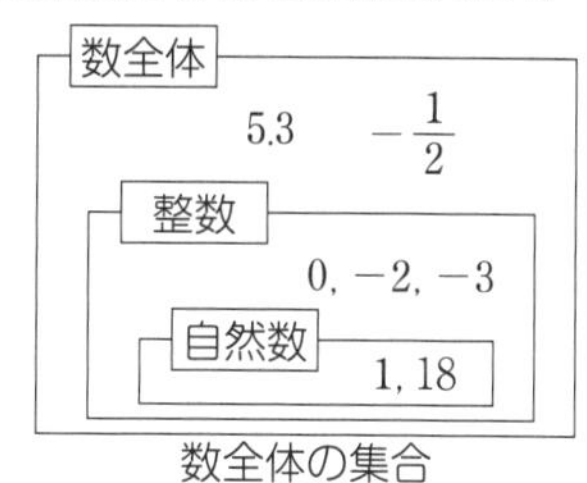

数全体の集合

素数（そすう） 基本

1とその数以外に約数がない数。ただし，1は素数ではない。

例 20 以下の素数は，2，3，5，7，11，13，17，19

素因数分解（そいんすうぶんかい） 基本

自然数を素数の積で表すこと。

例 $60=2\times 2\times 3\times 5=2^2\times 3\times 5$

加法の交換法則 1年

▼加法について成り立つ計算法則

公式

加法の交換法則

$$a+b=b+a$$

◉正負の数の加法では，交換法則が成り立つので，数の順序を変えて計算しても，和は変わらない。

使い方 1 2つの数の加法

$-9+2$ を計算する。

$a=-9$，$b=2$ のときであるから，

$a+b\cdots(-9)+2=-7$

$b+a\cdots2+(-9)=-7$

よって，$(-9)+2=2+(-9)$

使い方 2 3つ以上の数の加法

$-7+12-4$ を計算する。

$a=-7$，$b=12$，$c=-4$ のときであるから，

$a+b+c\cdots(-7)+12+(-4)=1$

$c+b+a\cdots(-4)+12+(-7)=1$ ← 和は同じ

$a+c+b\cdots(-7)+(-4)+12=1$

ワンポイント

3つ以上の数の加法についても交換法則が成り立つので，計算が楽になるように，数の順序を変えるとよい。

注意⚠

◉減法では，交換法則は成り立たないことに注意する。

$8-3=5$，$3-8=-5$

加法の結合法則 1年

▼加法について成り立つ計算法則

公式

加法の結合法則

$$(a+b)+c=a+(b+c)$$

◉正負の数の加法では，結合法則が成り立つので，数の組み合わせを変えて計算しても，和は変わらない。

使い方1 加法の結合法則を利用した計算

$(15-23)-17$ を計算する。

$$\begin{aligned}&\{(+15)+(-23)\}+(-17)\\=&(+15)+\{(-23)+(-17)\}\\=&(+15)+(-40)\\=&-25\end{aligned}$$

使い方2 加法の交換法則と加法の結合法則を利用した計算

$4-11+16-23$ を計算する。

$$\begin{aligned}&(+4)+(-11)+(+16)+(-23)\\=&(+4)+(+16)+(-11)+(-23)\\=&\{(+4)+(+16)\}+\{(-11)+(-23)\}\\=&(+20)+(-34)\\=&-14\end{aligned}$$

ワンポイント

加法と減法の混じった式では，加法だけの式になおし，加法の交換法則・加法の結合法則を利用して，正の項の和，負の項の和をそれぞれ求めると計算しやすくなる。

乗法の交換法則 1年

▼乗法について成り立つ計算法則

公式

乗法の交換法則

$$a \times b = b \times a$$

◉正負の数の乗法では，交換法則が成り立つので，数の順序を変えて計算しても，積は変わらない。

使い方 1 正の数どうしの乗法

7×9 を計算する。

$a=7$，$b=9$ のときであるから，

$a \times b \cdots 7 \times 9 = 63$，$b \times a \cdots 9 \times 7 = 63$

よって，$7 \times 9 = 9 \times 7$

使い方 2 正の数と負の数が混ざった乗法

$6 \times (-4)$ を計算する。

$a=6$，$b=-4$ のときであるから，

$a \times b \cdots 6 \times (-4) = -24$，$b \times a \cdots (-4) \times 6 = -24$

よって，$6 \times (-4) = (-4) \times 6$

使い方 3 3つ以上の数の乗法

$(-3) \times 2 \times (-5)$ を計算する。

$a=-3$，$b=2$，$c=-5$ のときであるから，

$a \times b \times c \cdots (-3) \times 2 \times (-5) = 30$ ←
$c \times b \times a \cdots (-5) \times 2 \times (-3) = 30$ ← 積は同じ
$a \times c \times b \cdots (-3) \times (-5) \times 2 = 30$ ←

ワンポイント

3つ以上の数の乗法についても交換法則が成り立つので，計算が楽になるように，数の順序を変えるとよい。

乗法の結合法則 1年

▼乗法について成り立つ計算法則

公式

乗法の結合法則

$$(a\times b)\times c=a\times(b\times c)$$

◉正負の数の乗法では，結合法則が成り立つので，数の組み合わせを変えて計算しても，積は変わらない。

使い方 1 乗法の結合法則を利用した計算

$\{(-14)\times(-2)\}\times5$ を計算する。

$$\begin{aligned}&\{(-14)\times(-2)\}\times5\\=&(-14)\times\{(-2)\times5\}\\=&(-14)\times(-10)\\=&140\end{aligned}$$

ワンポイント

$(-14)\times(-2)$ を先に計算するよりも，$(-2)\times5$ を先に計算した方が，計算が楽になる。

使い方 2 乗法の交換法則と乗法の結合法則を利用した計算

$8\times(-21)\times(-25)$ を計算する。

$$\begin{aligned}&8\times(-21)\times(-25)\\=&8\times(-25)\times(-21)\\=&\{8\times(-25)\}\times(-21)\\=&(-200)\times(-21)\\=&4200\end{aligned}$$

ワンポイント

$2\times5=10$ や，$4\times25=100$ などが使えるように，乗法の交換法則・乗法の結合法則をうまく利用して計算するとよい。

1年
2年
3年
さくいん

分配法則 1年

▼正負の数について成り立つ計算法則

公式

分配法則

$$(a+b)\times c=a\times c+b\times c$$

$$c\times(a+b)=c\times a+c\times b$$

◉ a，b，c がどんな数であっても，分配法則は成り立つ。分配法則を利用すると，簡単に計算できることがある。

使い方 1 $(a+b)\times c=a\times c+b\times c$ の計算

$\left(\frac{2}{3}+\frac{3}{4}\right)\times 12$ を分配法則を利用して計算する。

$$\underbrace{\left(\frac{2}{3}+\frac{3}{4}\right)}_{(a+b)}\times\underbrace{12}_{c}=\underbrace{\frac{2}{3}}_{a}\times\underbrace{12}_{c}+\underbrace{\frac{3}{4}}_{b}\times\underbrace{12}_{c}=8+9=17$$

ワンポイント

$\left(\frac{2}{3}+\frac{3}{4}\right)\times 12$ を，分配法則を使わずに計算すると，

$$\left(\frac{2}{3}+\frac{3}{4}\right)\times 12=\left(\frac{8}{12}+\frac{9}{12}\right)\times 12=\frac{17}{12}\times 12=17$$

のように，通分する必要がある。

使い方 2 $c\times(a+b)=c\times a+c\times b$ の計算

$(-8)\times\left(-\frac{1}{4}+\frac{5}{2}\right)$ を分配法則を利用して計算する。

$$\underbrace{(-8)}_{c}\times\underbrace{\left(-\frac{1}{4}+\frac{5}{2}\right)}_{(a+b)}=\underbrace{(-8)}_{c}\times\underbrace{\left(-\frac{1}{4}\right)}_{a}+\underbrace{(-8)}_{c}\times\underbrace{\frac{5}{2}}_{b}$$

$$=2+(-20)$$

$$=-18$$

使い方 3 $a\times c+b\times c=(a+b)\times c$ の計算

$87\times(-19)+13\times(-19)$ を分配法則を利用して計算する。

$$\underset{a}{87}\times\underset{c}{(-19)}+\underset{b}{13}\times\underset{c}{(-19)}=\underset{(a+b)}{(87+13)}\times\underset{c}{(-19)}$$
$$=100\times(-19)$$
$$=-1900$$

ワンポイント

$87\times(-19)+13\times(-19)$ を，分配法則を使わずに計算すると，

$$87\times(-19)+13\times(-19)=-1653-247$$
$$=-1900$$

複雑な計算も，分配法則をうまく使うと，計算が楽になることがある。

使い方 4 2数の乗法での分配法則の利用

$(-12)\times96$ を分配法則を利用して計算する。

$96=100-4$ として，分配法則を利用する。

$$(-12)\times96=\underset{c}{(-12)}\times\underset{(a+b)}{(100-4)}$$
$$=\underset{c}{(-12)}\times\underset{a}{100}+\underset{c}{(-12)}\times\underset{b}{(-4)}$$
$$=-1200+48$$
$$=-1152$$

〔別の考え方〕

$-12=-10-2$ として，分配法則を利用する。

$$(-12)\times96=\underset{(a+b)}{(-10-2)}\times\underset{c}{96}$$
$$=\underset{a}{(-10)}\times\underset{c}{96}+\underset{b}{(-2)}\times\underset{c}{96}$$
$$=-960-192$$
$$=-1152$$

ワンポイント

分配法則をうまく使うためには，公式の a または b の値が 10 や 100 などになるように，くふうすればよい。

数と式編

文字と式

文字を使った式・文字式の計算 1年

代入(だいにゅう) 基本

式の中の文字を数や式，別の文字におきかえること。

例 式 $2x-10$ に $x=3$ を代入する。

$2x-10=2\times x-10$

（x を 3 におきかえる。）

$=2\times 3-10$

文字の値(あたい) 基本

文字に数を代入したときの，代入した数。

例 式 $2x-10$ に $x=3$ を代入するとき，文字の値は 3

式の値 基本

式の中の文字に数を代入して計算した結果。

例 $x=3$ のとき，$2x-10$ の値を求めると，

$2x-10=2\times x-10$

$=2\times 3-10$

$=6-10$

$=-4$（式の値）

ワンポイント 負の数を代入するときは，(　)をつけて代入する。式の値を求めるときは，式をなるべく簡単な形にしてから，数を代入する。

例 $a=-3$ のときの，$-12\left(\frac{5}{2}a+\frac{5}{3}\right)$ の値を求めると，

$-12\left(\frac{5}{2}a+\frac{5}{3}\right)=(-12)\times\frac{5}{2}a+(-12)\times\frac{5}{3}$

$=-30a-20$

$=-30\times(-3)-20$

$=70$

項(文字をふくむ)

式を加法だけの式になおしたとき，＋で結ばれたそれぞれの数または文字。

例 $6x-y+9$ は，式を和の形になおして考えると，

$6x-y+9=6x+(-y)+9$

のようになるので，項は，$6x$，$-y$，9

係数 基本

文字をふくむ項で，文字にかけられている数。

例 項が $8x$ のとき，$8x=8\times x$ であるから，x の係数は 8

係数

注意 x という項の x の係数は 1 である。

$x=1\times x$

係数

1次の項

文字が1つだけの項。

例 $2x$，$-5y$ など。

1次式

1次の項だけの式や，1次の項と数の項の和で表される式。

例 $8x$，$-5y$，$6x-y+9$ など。

数と式編

方程式

方程式・比例式 1年

等式（とうしき） 基本

2つの数量が等しい関係を，等号を用いて表した式。

不等式（ふとうしき） 基本

2つの数量の大小関係を，不等号を用いて表した式。

◉不等号の意味は以下のとおりである。

$a>b$ … a は b より大きい。

$a<b$ … a は b より小さい。（a は b 未満である。）

$a \geqq b$ … a は b 以上である。

$a \leqq b$ … a は b 以下である。

Column

不等式の解を求める

例 1冊120円のノート x 冊と160円のボールペン1本を買うとき，1000円でノートは何冊まで買えるかを考える。

数量の関係を不等式で表すと，

$120x+160 \leqq 1000$ …①

x はノートの冊数であるから自然数なので，右の表より，不等式①にあてはまるのは，

$x=1,\ 2,\ 3,\ 4,\ 5,\ 6,\ 7$

よって，7冊まで買うことができる。

x	$120x+160$	
1	280	<1000
2	400	<1000
3	520	<1000
4	640	<1000
5	760	<1000
6	880	<1000
7	1000	$=1000$
8	1120	>1000

不等式①で，x の値が整数，小数，分数のどんな値をとってもよいとすると，解は7以下の数のすべて，すなわち，$x \leqq 7$ となる。

したがって，不等式

$120x+160 \leqq 1000$

の解は，$x \leqq 7$ である。

左辺（さへん） 基本

等式では，等号の左側の式。不等式では，不等号の左側の式。

右辺（うへん） 基本

等式では，等号の右側の式。不等式では，不等号の右側の式。

両辺（りょうへん） 基本

左辺と右辺をあわせて両辺という。

方程式（ほうていしき） 基本

$3x-4=5$ などのように文字をふくんだ等式【▶ P.24】。方程式は，式の中の文字に代入する値によって，成り立ったり成り立たなかったりする。

例 方程式 $3x-4=5$ で，

$x=1$ のとき，左辺$=3\times1-4=-1$　右辺$=5$　×
$x=2$ のとき，左辺$=3\times2-4=2$　右辺$=5$　×
$x=3$ のとき，左辺$=3\times3-4=5$　右辺$=5$　○

方程式の解（かい） 基本

方程式を成り立たせる文字の値。

例 方程式 $3x-4=5$ の解は，$x=3$

方程式を解く

方程式の解を求めること。

等式の性質 基本

①等式の両辺に同じ数や式を加えても，等式が成り立つ。

$A=B$ ならば，$A+C=B+C$

②等式の両辺から同じ数や式をひいても，等式が成り立つ。

$A=B$ ならば，$A-C=B-C$

③等式の両辺に同じ数や式をかけても，等式が成り立つ。

$A=B$ ならば，$A\times C=B\times C$

④等式の両辺を同じ数や式でわっても，等式が成り立つ。

$A=B$ ならば，$A\div C=B\div C$　（ただし，$C\neq 0$）

例 等式の性質を使って，方程式 $4x-7=-19$ を解く。

$$4x-7=-19$$
両辺に 7 をたす。（等式の性質①）
$$4x-7+7=-19+7$$
$$4x=-12$$
両辺を 4 でわる。（等式の性質④）
$$4x\div 4=-12\div 4$$
$$x=-3$$

移項（いこう） 基本

等式の一方の辺にある項【▶ P.23】を，符号を変えて他方の辺に移すこと。

例 $2x+3=8$

移項

$2x=8-3$

1次方程式 基本

移項して整理することで，$ax=b$ の形（ただし，$a\neq 0$）になる方程式。

ワンポイント 1次方程式を解く手順

①かっこがあるときにはかっこをはずして，分数があるときには分母をはらう【▶ P.27】。

②文字の項を一方の辺（左辺）に，数の項を他方の辺（右辺）に集める。

③ $ax=b$ の形にする。

④両辺を x の係数 a でわる。

分母をはらう 基本

分数をふくむ方程式で，分母の公倍数を方程式の両辺にかけることによって，分数をふくまない方程式になおすこと。

例 方程式 $\frac{1}{3}x+\frac{5}{6}=\frac{1}{2}x-1$ の分数の分母の公倍数6を両辺にかけて，分母をはらう。

$$\left(\frac{1}{3}x+\frac{5}{6}\right)\times 6=\left(\frac{1}{2}x-1\right)\times 6$$

$$2x+5=3x-6$$

注意⚠ 方程式は分母をはらうことができるが，文字式の計算では分母をはらうことはできない。

$$\frac{3}{5}x+\frac{1}{2}x=\left(\frac{3}{5}x+\frac{1}{2}x\right)\times 10=6x+5x=11x$$

とする間違いに注意する。

比の値 基本

比 $a:b$ で，a を b でわった値 $\frac{a}{b}$ のこと。

◉ $a:b$ の比の値と，$c:d$ の比の値が等しいとき，2つの比 $a:b$ と $c:d$ は等しい。

例 2：3の比の値は $\frac{2}{3}$，10：15の比の値は $\frac{10}{15}=\frac{2}{3}$ であるから，2つの比2：3と10：15は等しい。

比例式（ひれいしき） 基本

比が等しいことを表す式。2つの比 $a:b$ と $c:d$ が等しいとき，$a:b=c:d$ と書く。

例 $2:3=10:15$，$3:x=12:28$ など。

比例式を解く 基本

比例式にふくまれる文字の値を求めること。比例式は，比例式の性質【▶ P.28】を利用して解くことができる。

1年
2年
3年
さくいん

比例式の性質 1年

▼比例式を解くために使う公式

公式

比例式の性質

$a:b=c:d$ ならば，$ad=bc$

◉比例式の外側の項の積と内側の項の積は等しい。

$$\overbrace{a:b=c:d}^{ad} \quad (\text{内側 } b, c \text{ の積 } bc)$$

使い方 1 内側の項か外側の項に x の式がふくまれる比例式

比例式 $x:16=5:2$ を解く。

比例式の性質を使って，

$$x\times2=16\times5$$
$$2x=80$$
$$x=40$$

$x:16=5:2$（外側 $x\times2$，内側 16×5）

使い方 2 内側の項と外側の項に x の式がふくまれる比例式

比例式 $x:(x+9)=4:7$ を解く。

比例式の性質を使って，

$$x\times7=(x+9)\times4$$
$$7x=4x+36$$
$$7x-4x=36$$
$$3x=36$$
$$x=12$$

$x:(x+9)=4:7$（外側 $x\times7$，内側 $(x+9)\times4$）

式の計算①

式の計算・文字式の利用 2年

単項式（たんこうしき） 基本

数や文字についての乗法【▶ P.14】だけの式。

例 x，$4xy$，$-b^2$，1

多項式（たこうしき） 基本

単項式の和の形で表された式。

例 $3x+y$，$a^2-2ab+1$

多項式の項（こう）

多項式で，加法の形になおしたとき，＋で結ばれた１つ１つの単項式。

例 $5x^2-xy-2=5x^2+(-xy)+(-2)$ であるから，
多項式 $5x^2-xy-2$ の項は，$5x^2$，$-xy$，-2

次数（じすう）

①単項式の次数は，かけあわされている文字の個数。

例 $2x$ の次数は 1，$xyz=x\times y\times z$ より，xyz の次数は 3

②多項式の次数は，各項【▶ P.23】の次数の中で，もっとも大きいもの。

例 $3a^2b+8ab-9$ の次数は 3（次数が 3 の式を 3 次式という。）
（$3a^2b$：3次，$8ab$：2次）

同類項（どうるいこう）

文字の部分が同じである項【▶ P.23】。

例 $4x+y-7x-3y$ で，$4x$ と $-7x$，y と $-3y$ は同類項。

x について解く

等式を変形して，x を求める式（$x=$〜の形）をつくること。

例 $S=\frac{1}{2}xy$ → $\frac{1}{2}xy=S$ → $xy=2S$ → $x=\frac{2S}{y}$

指数の公式 2年

▼指数【▶ P.14】をふくむ数の乗法，除法，累乗【▶ P.14】についての公式

公式

m，n を自然数とすると，

① $x^m \times x^n = x^{m+n}$

② $x^m \div x^n = x^{m-n}$　（ただし，$m > n$）

③ $(x^m)^n = x^{m \times n}$

●指数をふくむ数どうしの乗法，除法，指数をふくむ数の累乗を，公式を使って計算することができる。

使い方 1　$x^m \times x^n$ の計算

$x^3 \times x^5$ を求める。

公式①の m に 3，n に 5 を代入すると，

$$x^3 \times x^5 = x^{3+5}$$
$$= x^8$$

使い方 2　$x^m \div x^n$ の計算

$x^7 \div x^4$ を求める。

公式②の m に 7，n に 4 を代入すると，

$$x^7 \div x^4 = x^{7-4}$$
$$= x^3$$

Column

$x^m \div x^n = x^{m-n}$ $(m > n)$ の公式は，次のように導かれる。

$$x^m \div x^n = \frac{x^m}{x^n} = \frac{\overbrace{x \times x \times \cdots\cdots \times x}^{m\text{個}}}{\underbrace{x \times x \times \cdots \times x}_{n\text{個}}} = \underbrace{x \times x \times \cdots\cdots \times x}_{(m-n)\text{個}} = x^{m-n}$$

使い方 3 $(x^m)^n$ **の計算**

$(x^2)^4$ **を求める。**

公式③の m に 2，n に 4 を代入すると，

$$(x^2)^4 = x^{2\times4}$$
$$= x^8$$

注意⚠

$x^2\times x^4$ と $(x^2)^4$ との違いに注意する。

$$x^2\times x^4 = (x\times x)\times(x\times x\times x\times x)$$
$$= x^6$$
$$= x^{2+4}$$
$$(x^2)^4 = x^2\times x^2\times x^2\times x^2$$
$$= (x\times x)\times(x\times x)\times(x\times x)\times(x\times x)$$
$$= x^8$$
$$= x^{2\times4}$$

Column

高校で学習する指数法則

指数についての公式には，指数の公式で扱った 3 つの公式の他に，

n が正の整数のとき，$(ab)^n = a^n b^n$

がある。

これは，

$$(ab)^n = \overbrace{ab\times ab\times\cdots\times ab}^{n\text{個}}$$
$$= \underbrace{(a\times a\times\cdots\times a)}_{n\text{個}}\times\underbrace{(b\times b\times\cdots\times b)}_{n\text{個}}$$
$$= a^n b^n$$

より導ける。

例 $(ab)^3$ は，$(ab)^n = a^n b^n$ の n に 3 を代入して

$$(ab)^3 = a^3 b^3$$

となる。

数と式編

連立方程式

連立方程式・連立方程式の利用 2年

2元(げん)1次方程式

2つの文字をふくむ1次方程式【▶ P.26】。

例 $x+3y=10$ など。

2元1次方程式の解

2元1次方程式があるとき，それを成り立たせる文字の値の組。

例 $x+3y=10$ の解は，

$$(1,\ 3),\ \left(2,\ \frac{8}{3}\right),\ \left(3,\ \frac{7}{3}\right),\ (4,\ 2),\ \cdots$$

注意⚠ 2元1次方程式の解は，1つだけではない。

連立方程式

2つ以上の方程式を組にしたもの。

例 $\begin{cases} x-y=9 \\ 2x+y=3 \end{cases}$ など。

Column

3つの文字をふくむ連立方程式

$$\begin{cases} x-2y+z=-1 & \cdots① \\ 2x+y-z=9 & \cdots② \\ x+3y-z=8 & \cdots③ \end{cases}$$

このような，3つの文字をふくむ連立方程式は，1つの文字を消去して，2つの文字の連立方程式をつくれば，解くことができる。

①+②から z を消去すると，$3x-y=8$ …④

②−③から z を消去すると，$x-2y=1$ …⑤

④と⑤で連立方程式をつくって解くと，$(x,\ y)=(3,\ 1)$

$x=3$，$y=1$ を①に代入して，$z=-2$

答 $(x,\ y,\ z)=(3,\ 1,\ -2)$

連立方程式の解

連立方程式で組にした，どの方程式にもあてはまる文字の値の組。

例 $\begin{cases} x-y=9 \\ 2x+y=3 \end{cases}$ の解は，$(x,\ y)=(4,\ -5)$

連立方程式を解く

連立方程式の解を求めること。

消去(しょうきょ)する

x と y をふくむ連立方程式から，y をふくまない1つの方程式を導くことを，y を消去するという。

例 $\begin{cases} x-y=9 & \cdots① \\ 2x+y=3 & \cdots② \end{cases}$

①，②の式の左辺どうし，右辺どうしをたすと，y を消去することができる。

$$\begin{array}{rr} x-y= & 9 \\ +)\ 2x+y= & 3 \\ \hline 3x\quad\quad = & 12 \end{array}$$

Column

鶴亀算(つるかめざん)

1個120円のりんごと1個80円のみかんをあわせて20個買って，代金を2120円払った。りんごとみかんを，それぞれ何個買ったか求めなさい。
これを鶴亀算で解くと次のようになる。

りんごを20個買ったと考えると，その代金は，$120\times20=2400$（円）
実際に払った2120円との差は，$2400-2120=280$（円）
りんごとみかんの1個の値段の差は，$120-80=40$（円）だから，
みかんの個数は，$280\div40=7$（個）
りんごの個数は，$20-7=13$（個）　　答 りんご13個，みかん7個

この問題は，連立方程式を利用して，次のように解くことができる。

買ったりんごの個数を x 個，みかんの個数を y 個とすると，

$\begin{cases} x+y=20 & \cdots(\text{個数の関係}) \\ 120x+80y=2120 & \cdots(\text{代金の関係}) \end{cases}$ という連立方程式が得られる。

これを解くと，$(x,\ y)=(13,\ 7)$　　答 りんご13個，みかん7個

加減法(かげんほう) 基本

連立方程式を解くために，どちらかの文字の係数【▶ P.23】の絶対値【▶ P.13】をそろえ，左辺どうし，右辺どうしを，それぞれたすか，ひくかして，1つの文字を消去する【▶ P.33】方法。

例 $\begin{cases} x+y=2 & \cdots ① \\ 3x-y=-10 & \cdots ② \end{cases}$ を加減法で解く。

①＋② より，$4x=-8$

$x=-2$

$x=-2$ を①に代入して，$-2+y=2$，$y=4$

よって，この連立方程式の解は，$(x,\ y)=(-2,\ 4)$

例 $\begin{cases} 2x+3y=3 & \cdots ① \\ x-2y=5 & \cdots ② \end{cases}$ を加減法で解く。

②の両辺を2倍して，x の係数をそろえて，x を消去する。

②×2 より，$2x-4y=10$ …②′

①－②′ より，$7y=-7$

$y=-1$

$y=-1$ を②に代入して，$x-2\times(-1)=5$，$x=3$

よって，この連立方程式の解は，$(x,\ y)=(3,\ -1)$

例 $\begin{cases} 3x-2y=-7 & \cdots ① \\ 4x+5y=6 & \cdots ② \end{cases}$ を加減法で解く。

一方の式を整数倍しても，どちらの文字の係数の絶対値もそろわないので，両方の式をそれぞれ何倍かして，どちらかの文字の係数の絶対値をそろえる。

①×5 より，$15x-10y=-35$ …①′

②×2 より，$8x+10y=12$ …②′

①′＋②′ より，$23x=-23$

$x=-1$

$x=-1$ を②に代入して，$4\times(-1)+5y=6$

$5y=10$

$y=2$

よって，この連立方程式の解は，$(x,\ y)=(-1,\ 2)$

代入法（だいにゅうほう） 基本

連立方程式を解くために，一方の式を他方の式に代入することによって，1つの文字を消去する【▶ P.33】方法。

例 $\begin{cases} y=6x+1 & \cdots① \\ 2x+y=9 & \cdots② \end{cases}$ を代入法で解く。

①を②に代入して，$2x+(6x+1)=9$

$8x=8$

$x=1$

$x=1$ を①に代入して，$y=6\times1+1=7$

よって，この連立方程式の解は，$(x,\ y)=(1,\ 7)$

例 $\begin{cases} x-2y=-3 & \cdots① \\ 3x-5y=-5 & \cdots② \end{cases}$ を代入法で解く。

①の $-2y$ を右辺に移項して，$x=2y-3$ …①′

①′を②に代入して，$3(2y-3)-5y=-5$，$y=4$

$y=4$ を①′に代入して，$x=5$

よって，この連立方程式の解は，$(x,\ y)=(5,\ 4)$

ワンポイント かっこがふくまれていたり，係数に分数や小数がある連立方程式は，まず，かっこをはずしたり，両辺を何倍かして係数を整数にしてから，加減法か代入法を使って解く。

Column

$A=B=C$ の形の方程式の解き方

$A=B=C$ の形の方程式は，次の3つのいずれかの形の連立方程式をつくって解く。

$\begin{cases} A=C \\ B=C \end{cases}$　$\begin{cases} A=B \\ A=C \end{cases}$　$\begin{cases} A=B \\ B=C \end{cases}$

例 方程式 $2x-5y=x+2y-7=4$ を解く。

$\begin{cases} A=C \\ B=C \end{cases}$ の形になおすと，$\begin{cases} 2x-5y=4 \\ x+2y-7=4 \end{cases} \rightarrow \begin{cases} 2x-5y=4 \\ x+2y=11 \end{cases}$

これを解くと，$(x,\ y)=(7,\ 2)$

Column

食塩水の問題

連立方程式を利用して解く問題として，食塩水の問題がよく出題されるので，ここで紹介しておく。

例 5%の食塩水 x g と 12%の食塩水 y g を混ぜると，10%の食塩水が 700 g できた。このときの，x，y の値を求める。

食塩水の濃度(のうど)は，

$$\text{食塩水の濃度}(\%)=\frac{\text{食塩の質量}(\mathrm{g})}{\text{食塩水の質量}(\mathrm{g})}\times 100$$

で求められる。

また，食塩水の質量は，

$$\text{食塩水の質量}(\mathrm{g})=\text{水の質量}(\mathrm{g})+\text{食塩の質量}(\mathrm{g})$$

で表される。

食塩水の質量と食塩の質量についてまとめると，下の表のようになる。

食塩水の質量の関係と食塩の質量の関係について，それぞれ式をつくって，連立方程式として解く。

	5%の食塩水	12%の食塩水	10%の食塩水
食塩水の質量(g)	x	y	700
食塩の割合	$\frac{5}{100}$	$\frac{12}{100}$	$\frac{10}{100}$
食塩の質量(g)	$x\times\frac{5}{100}$	$y\times\frac{12}{100}$	$700\times\frac{10}{100}$

食塩水の質量の関係より，

$$x+y=700 \quad \cdots①$$

食塩の質量の関係より，

$$\frac{5}{100}x+\frac{12}{100}y=700\times\frac{10}{100} \quad \cdots②$$

①，②より連立方程式

$$\begin{cases} x+y=700 \\ \frac{5}{100}x+\frac{12}{100}y=70 \end{cases}$$

をつくることができる。

この連立方程式を解くと，$(x, y)=(200, 500)$

式の計算②

展開・因数分解 3年

展開(てんかい) 基本

単項式【▶ P.29】や多項式【▶ P.29】の積の形の式を計算して，和の形で表すこと。

例 $(a+b)(c+d)$

$=ac+ad+bc+bd$ ←展開

因数(いんすう) 基本

整数がいくつかの整数の積で表される場合，その1つ1つの数。または，ある式が単項式【▶ P.29】や多項式【▶ P.29】の積で表される場合，その1つ1つの式。

例 $21=3\times7$ より，3 と 7 は 21 の因数。

$x^2-25=(x+5)(x-5)$ より，$x+5$ と $x-5$ は x^2-25 の因数。

素因数(そいんすう) 基本

素数【▶ P.15】である因数。

注意⚠ ・12 の因数は，1，2，3，4，6，12

・12 の素因数は，2，3

因数の中で，特に素数であるものを素因数という。

因数分解 基本

1つの多項式【▶ P.29】をいくつかの因数の積の形で表すこと。

例

$$x^2+5x+6 \rightleftarrows (x+2)(x+3)$$

（→ 因数分解，← 展開）

展開の公式① 3年

▼$(x+a)(x+b)$ を展開するために使う乗法公式

公式

$(x+a)(x+b)$ を展開すると

$$(x+a)(x+b)=x^2+(a+b)x+ab$$

◉$(x+a)(x+b)$ の形の式の展開のとき，公式を使うことで，分配法則を使わずに展開することができる。

使い方 1 a，b が正の数のとき

$(x+2)(x+5)$ を展開する。

公式に $a=2$，$b=5$ を代入すると，

$$\begin{aligned}&(x+2)(x+5)\\&=x^2+(2+5)x+2\times5\\&=x^2+7x+10\end{aligned}$$

使い方 2 a が正の数，b が負の数のとき

$(x+3)(x-7)$ を展開する。

公式に $a=3$，$b=-7$ を代入すると，

$$\begin{aligned}&(x+3)(x-7)\\&=x^2+\{3+(-7)\}x+3\times(-7)\\&=x^2-4x-21\end{aligned}$$

注意⚠

a，b に負の数があるときは，符号に気をつけて代入すること。

使い方 3　a, b が負の数のとき

$(x-6)(x-1)$ を展開する。

公式に $a=-6$, $b=-1$ を代入すると,

$$(x-6)(x-1)$$
$$=x^2+\{(-6)+(-1)\}x+(-6)\times(-1)$$
$$=x^2-7x+6$$

使い方 4　a, b に文字をふくむ式の展開

$(x-2y)(x+4y)$ を展開する。

公式に $a=-2y$, $b=4y$ を代入すると,

$$(x-2y)(x+4y)$$
$$=x^2+\{(-2y)+4y\}x+(-2y)\times4y$$
$$=x^2+2y\times x-8y^2$$
$$=x^2+2xy-8y^2$$

使い方 5　やや複雑な式の展開（おきかえを使って展開する。）

$(2x+3)(2x+5)$ を展開する。

$2x$ を 1 つの文字とみると, 公式を利用して展開することができる。

$2x$ を M とおくと,

$$(2x+3)(2x+5)$$
$$=(M+3)(M+5)$$
公式に $x=M$, $a=3$, $b=5$ を代入する。
$$=M^2+(3+5)M+3\times5$$
$$=M^2+8M+15$$
M を $2x$ にもどす。
$$=(2x)^2+8\times2x+15$$
$$=4x^2+16x+15$$

Column

$(x+a)(x+b)$ を分配法則を使って展開すると, 公式を導くことができる。

$$(x+a)(x+b)$$
$$=x^2+bx+ax+ab$$
$$=x^2+(a+b)x+ab$$

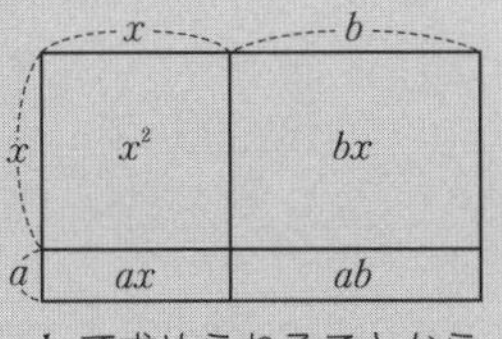

また, 右の図の面積の合計が, $x^2+bx+ax+ab$ で求められることからも確認することができる。

展開の公式② 3年

▼$(x+a)^2$, $(x-a)^2$ を展開するために使う乗法公式

公式

$(x+a)^2$, $(x-a)^2$ を展開すると

① $(x+a)^2=x^2+2ax+a^2$

② $(x-a)^2=x^2-2ax+a^2$

◉$(x+a)^2$, $(x-a)^2$ の形の式の展開のとき，公式を使うことで，分配法則を使わずに展開することができる。

使い方 1 $(x+a)^2$ の展開

$(x+4)^2$ を展開する。

公式①に $a=4$ を代入すると，

$(x+4)^2$

$=x^2+2\times4\times x+4^2$

$=x^2+8x+16$

使い方 2 $(x-a)^2$ の展開

$(x-3)^2$ を展開する。

公式②に $a=3$ を代入すると，

$(x-3)^2$

$=x^2-2\times3\times x+3^2$

$=x^2-6x+9$

Column

$(x-a)^2$ を分配法則を使って展開すると，公式を導くことができる。

$(x-a)^2=(x-a)(x-a)$

$=x^2-ax-ax+a^2$

$=x^2-2ax+a^2$

使い方 3　分数をふくむ $(x+a)^2$ の展開

$\left(x+\frac{1}{2}\right)^2$ を展開する。

公式①に $a=\frac{1}{2}$ を代入すると，

$$\left(x+\frac{1}{2}\right)^2=x^2+2\times\frac{1}{2}\times x+\left(\frac{1}{2}\right)^2$$
$$=x^2+x+\frac{1}{4}$$

使い方 4　分数をふくむ $(x-a)^2$ の展開

$\left(x-\frac{3}{4}\right)^2$ を展開する。

公式②に $a=\frac{3}{4}$ を代入すると，

$$\left(x-\frac{3}{4}\right)^2=x^2-2\times\frac{3}{4}\times x+\left(\frac{3}{4}\right)^2$$
$$=x^2-\frac{3}{2}x+\frac{9}{16}$$

使い方 5　x，a の両方に文字をふくむ $(x+a)^2$ の展開

$(2y+5z)^2$ を展開する。

公式①に $x=2y$，$a=5z$ を代入すると，

$$(2y+5z)^2=\underbrace{(2y)^2}_{x^2}+\underbrace{2}_{2}\times\underbrace{5z}_{a}\times\underbrace{2y}_{x}+\underbrace{(5z)^2}_{a^2}$$
$$=4y^2+20yz+25z^2$$

使い方 6　x，a の両方に文字をふくむ $(x-a)^2$ の展開

$(3y-2z)^2$ を展開する。

公式②に $x=3y$，$a=2z$ を代入すると，

$$(3y-2z)^2=\underbrace{(3y)^2}_{x^2}-\underbrace{2}_{2}\times\underbrace{2z}_{a}\times\underbrace{3y}_{x}+\underbrace{(2z)^2}_{a^2}$$
$$=9y^2-12yz+4z^2$$

展開の公式③ 3年

▼$(x+a)(x-a)$ を展開するために使う乗法公式

公式

$(x+a)(x-a)$ を展開すると

$$(x+a)(x-a)=x^2-a^2$$

◉$(x+a)(x-a)$ の形の式の展開のとき，公式を使うことで，分配法則を使わずに展開することができる。

使い方 1　x が文字，a が数のとき

$(x+7)(x-7)$ を展開する。

公式に $a=7$ を代入すると，

$$\begin{aligned}(x+7)(x-7)&=x^2-7^2\\&=x^2-49\end{aligned}$$

使い方 2　x が数，a が文字のとき

$\left(\frac{1}{3}+y\right)\left(\frac{1}{3}-y\right)$ を展開する。

公式に $x=\frac{1}{3}$，$a=y$ を代入すると，

$$\begin{aligned}\left(\frac{1}{3}+y\right)\left(\frac{1}{3}-y\right)&=\left(\frac{1}{3}\right)^2-y^2\\&=\frac{1}{9}-y^2\end{aligned}$$

使い方 3　x，a の両方に文字をふくむとき

$\left(4y+\frac{1}{2}z\right)\left(4y-\frac{1}{2}z\right)$ を展開する。

公式に $x=4y$，$a=\frac{1}{2}z$ を代入すると，

$$\begin{aligned}\left(4y+\frac{1}{2}z\right)\left(4y-\frac{1}{2}z\right)&=(4y)^2-\left(\frac{1}{2}z\right)^2\\&=16y^2-\frac{1}{4}z^2\end{aligned}$$

因数分解の公式① 3年

▼共通な因数【▶ P.37】をとり出す因数分解

1年
2年
3年
さくいん

公式

$$Aa+Ab=A(a+b)$$

◉多項式の各項に共通な因数 A がある場合，共通な因数 A をとり出して，因数分解することができる。

使い方 1 共通な因数 A が数のとき

$9x+15y$ を因数分解する。

$9x+15y=3\times3x+3\times5y$

（共通な因数）

各項の共通な因数は 3 であるから，公式にあてはめて考えると，

$$9x+15y=3(3x+5y)$$

使い方 2 共通な因数 A が文字式のとき

$6x^2y-12xy$ を因数分解する。

$6x^2y-12xy=6xy\times x-6xy\times2$

（共通な因数）

各項の共通な因数は $6xy$ であるから，公式にあてはめて考えると，

$6x^2y-12xy=6xy(x-2)$

注意⚠

$6x^2y-12xy$ を因数分解するとき，

$6x^2y-12xy=6(x^2y-2xy)$

を答えとしてしまう場合があるが，まだ，かっこの中の式に共通な因数 xy が残っている。**使い方 2** のように，共通な因数はもれなくとり出すように注意する。

因数分解の公式② 3年

▼$(x+a)(x+b)$ の展開の公式を利用した因数分解

公式

$$x^2+(a+b)x+ab=(x+a)(x+b)$$

◉$(x+a)(x+b)$ の展開の公式を逆に使うと，$x^2+(a+b)x+ab$ の形の式を因数分解することができる。
和が x の係数【▶ P.23】，積が数の項【▶ P.23】と一致するような2つの数 a，b を見つけることがポイントである。

使い方 1 $a+b$ が正，ab が正のとき

$x^2+8x+15$ を因数分解する。

$x^2+8x+15$ を公式にあてはめると，

$a+b=8$，$ab=15$

よって，和が 8，積が 15 となる 2 つの数 a，b を見つければよい。
まず，積が 15 なので，2 つの数は，右の表のような組が考えられる。
このうち，和が 8 となるのは，3 と 5 であるから，公式に $a=3$，$b=5$ を代入すると

$x^2+8x+15=(x+3)(x+5)$

積が 15	和が 8
1 と 15	×
−1 と −15	×
3 と 5	○
−3 と −5	×

使い方 2 $a+b$ が負，ab が正のとき

x^2-6x+8 を因数分解する。

x^2-6x+8 を公式にあてはめると，

$a+b=-6$，$ab=8$

右の表より，和が −6，積が 8 となる 2 つの数は，−2 と −4 であるから，公式に $a=-2$，$b=-4$ を代入すると，

$x^2-6x+8=(x-2)(x-4)$

積が 8	和が −6
1 と 8	×
−1 と −8	×
2 と 4	×
−2 と −4	○

使い方 3　$a+b$ が正，ab が負のとき

$x^2+7x-18$ を因数分解する。

$x^2+7x-18$ を公式にあてはめると，

$a+b=7$，$ab=-18$

右の表より，和が 7，積が -18 となる 2 つの数は，-2 と 9 であるから，公式に $a=-2$，$b=9$ を代入すると

$x^2+7x-18=(x-2)(x+9)$

積が -18	和が 7
1 と -18	×
-1 と 18	×
2 と -9	×
-2 と 9	○
3 と -6	×
-3 と 6	×

ワンポイント

積が正の 2 つの数は同符号，積が負の 2 つの数は異符号である。

使い方 4　共通な因数をとり出してから因数分解するとき

$2ax^2-2ax-24a$ を因数分解する。

まず，共通な因数【▶ P.37】$2a$ をとり出すと，

$2ax^2-2ax-24a=2a(x^2-x-12)$

となる。

かっこの中の式 x^2-x-12 を，公式にあてはめると，

$a+b=-1$，$ab=-12$

右の表より，和が -1，積が -12 となる 2 つの数は，3 と -4 であるから，公式に $a=3$，$b=-4$ を代入すると

$x^2-x-12=(x+3)(x-4)$

よって，

$2ax^2-2ax-24a$

$=2a(x+3)(x-4)$

積が -12	和が -1
1 と -12	×
-1 と 12	×
2 と -6	×
-2 と 6	×
3 と -4	○
-3 と 4	×

因数分解の公式③ 3年

▼$(x+a)^2$, $(x-a)^2$ の展開の公式を利用した因数分解

公式

① $x^2+2ax+a^2=(x+a)^2$

② $x^2-2ax+a^2=(x-a)^2$

◉$(x+a)^2$, $(x-a)^2$の展開の公式を逆に使うと, $x^2+2ax+a^2$, $x^2-2ax+a^2$ の形の式を因数分解することができる。

使い方 1 $x^2+2ax+a^2$ の形の式の因数分解

$x^2+18x+81$ を因数分解する。

$x^2+18x+81$ で,

$81=9^2$, $18x=2\times9\times x$

であるから, 公式①に $a=9$ を代入して,

$$x^2+18x+81=\underbrace{x^2}_{x^2}+2\times\underbrace{9}_{a}\times\underbrace{x}_{x}+\underbrace{9^2}_{a^2}$$

$$=(x+9)^2$$

使い方 2 $x^2-2ax+a^2$ の形の式の因数分解

$x^2-8x+16$ を因数分解する。

$x^2-8x+16$ で,

$16=4^2$, $8x=2\times4\times x$

であるから, 公式②に $a=4$ を代入して,

$$x^2-8x+16=\underbrace{x^2}_{x^2}-2\times\underbrace{4}_{a}\times\underbrace{x}_{x}+\underbrace{4^2}_{a^2}$$

$$=(x-4)^2$$

使い方 3　x^2 の係数が整数の2乗の形になるとき（公式①）

$4m^2+20m+25$ を因数分解する。

$4m^2+20m+25$ で，

$4m^2=(2m)^2$，$25=5^2$，$20m=2\times5\times2m$

であるから，公式①に $x=2m$，$a=5$ を代入して，

$$\begin{aligned}4m^2+20m+25&=(2m)^2+2\times5\times2m+5^2\\&=(2m+5)^2\end{aligned}$$

使い方 4　x^2 の係数が整数の2乗の形になるとき（公式②）

$9m^2-6m+1$ を因数分解する。

$9m^2-6m+1$ で，

$9m^2=(3m)^2$，$1=1^2$，$6m=2\times1\times3m$

であるから，公式②に $x=3m$，$a=1$ を代入して，

$$\begin{aligned}9m^2-6m+1&=(3m)^2-2\times1\times3m+1^2\\&=(3m-1)^2\end{aligned}$$

使い方 5　x，a の両方に文字をふくむとき（公式①）

$x^2+12xy+36y^2$ を因数分解する。

$x^2+12xy+36y^2$ で，

$36y^2=(6y)^2$，$12xy=2\times6y\times x$

であるから，公式①に $a=6y$ を代入して，

$$\begin{aligned}x^2+12xy+36y^2&=x^2+2\times6y\times x+(6y)^2\\&=(x+6y)^2\end{aligned}$$

使い方 6　x，a の両方に文字をふくむとき（公式②）

$x^2-10xy+25y^2$ を因数分解する。

$x^2-10xy+25y^2$ で，

$25y^2=(5y)^2$，$10xy=2\times5y\times x$

であるから，公式②に $a=5y$ を代入して，

$$\begin{aligned}x^2-10xy+25y^2&=x^2-2\times5y\times x+(5y)^2\\&=(x-5y)^2\end{aligned}$$

因数分解の公式④ 3年

▼$(x+a)(x-a)$ の展開の公式を利用した因数分解

公式

$$x^2-a^2=(x+a)(x-a)$$

◉$(x+a)(x-a)$ の展開の公式を逆に使うと，x^2-a^2 の形の式を因数分解することができる。

使い方 1 x が数と文字，a が数のとき

$9m^2-16$ を因数分解する。

$9m^2-16$ で，

$9m^2=(3m)^2$，$16=4^2$

であるから，公式に $x=3m$，$a=4$ を代入すると，

$$9m^2-16=\underbrace{(3m)^2}_{x^2}\underbrace{-4^2}_{-a^2}$$

$$=(3m+4)(3m-4)$$

使い方 2 x，a の両方に文字をふくむとき

$4m^2-49n^2$ を因数分解する。

$4m^2-49n^2$ で，

$4m^2=(2m)^2$，$49n^2=(7n)^2$

であるから，公式に $x=2m$，$a=7n$ を代入すると，

$$4m^2-49n^2=(2m)^2-(7n)^2$$

$$=(2m+7n)(2m-7n)$$

使い方 3 共通な因数をとり出し，因数分解するとき

$6x^2-54$ を因数分解する。

まず，共通な因数 6 をとり出すと，$6x^2-54=6(x^2-9)$

かっこの中の式 x^2-9 について，公式に $a=3$ を代入して因数分解すると，$6x^2-54=6(x^2-9)=6(x+3)(x-3)$

数と式編

平方根

平方根・根号をふくむ式の計算 3年

平方根（へいほうこん）

2乗すると a になる数を，a の平方根という。つまり，a の平方根は，$x^2=a$ にあてはまる x の値のこと。

例 4 の平方根は，2 と -2

$\frac{1}{9}$ の平方根は，$\frac{1}{3}$ と $-\frac{1}{3}$

0.01 の平方根は，0.1 と -0.1

ワンポイント
・正の数 a の平方根は，正の数と負の数の 2 つあり，その絶対値【▶ P.13】は等しい。
・0 の平方根は 0 だけである。
・負の数に平方根はない。

Column

平方根の大小

面積が 3 cm² と 5 cm² の正方形 A，B のそれぞれの 1 辺の長さは，

$3=(\sqrt{3})^2$

$5=(\sqrt{5})^2$

より，A は $\sqrt{3}$ cm，B は $\sqrt{5}$ cm である。

正方形では，1 辺の長さが大きくなると面積も大きくなるので，正の数 a，b が $a<b$ ならば，$\sqrt{a}<\sqrt{b}$ がいえる。

（$\sqrt{}$（ルート）については，P.50 参照）

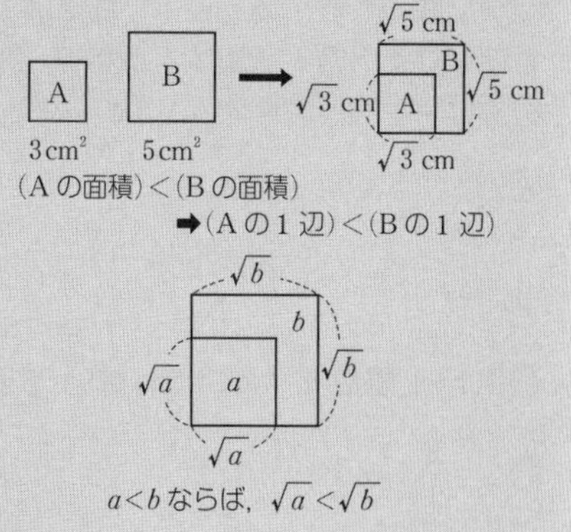

根号（ルート）

正の数 a の2つの平方根【▶ P.49】のうち，

正の平方根を $\sqrt{a}$（「ルート a」と読む。）

負の平方根を $-\sqrt{a}$（「マイナスルート a」と読む。）

のように，記号 $\sqrt{\ }$（ルート）を使って表す。記号 $\sqrt{\ }$ を根号という。

ワンポイント $\sqrt{a}$ と $-\sqrt{a}$ をまとめて $\pm\sqrt{a}$（「プラスマイナスルート a」と読む。）と表すことがある。

・根号の中の数がある数の 2 乗になっていれば，根号を使わずに表すことができる。 例 $\sqrt{81}=\sqrt{9^2}=9$

$-\sqrt{25}=-\sqrt{5^2}=-5$

無限小数

限りなく続く小数。 例 $\dfrac{5}{7}=0.7142857142\cdots$

有限小数

計算するとわり切れる小数。 例 $\dfrac{7}{8}=0.875$

循環小数

無限小数のうち，ある位よりさきは，決まった数字が同じ順番で，くり返し続く小数。循環する数字や，循環する部分の最初と最後の数字の上に・をつけて表す。

例 $\dfrac{5}{6}=0.8333\cdots=0.8\dot{3}$，$\dfrac{1}{37}=0.027027027\cdots=0.\dot{0}2\dot{7}$

有理数

整数 m と整数 n（n は0ではない）を使い，$\dfrac{m}{n}$ と表せる数。

例 $2=\dfrac{2}{1}$，$0.6=\dfrac{3}{5}$ など。

無理数

分数で表せない数。

例 $\sqrt{2}$，$\sqrt{3}$，π など。

- 数
  - 有理数
    - 整数
      - 正の整数（自然数）
      - 0
      - 負の整数
    - 分数
      - 有限小数
      - 循環小数
  - 無理数…循環しない無限小数

有効数字

測定などによって得られた数のうち，信頼できる数字のこと。

例 最小の目もりが 100 g であるはかりで荷物の重さをはかったら，13200 g であった。

このとき，有効数字は 1，3，2 である。

ワンポイント 有効数字がどこまであるかをはっきりさせるために，

(整数部分が 1 けたの小数)$\times 10^n$

の形で表す。

例 13200 g の有効数字が 1，3，2 のとき，

1.32×10^4 g

と表す。また，このとき，有効数字は 3 けたという。

真の値

本当の値。

近似値（きんじち）

真の値に近い値。測定値などは近似値である。

誤差（ごさ）

近似値から真の値をひいた差。

誤差＝近似値－真の値

ワンポイント 真の値 a の小数第 1 位を四捨五入した近似値が b であるとき，a の範囲は，

$b-0.5\leqq a<b+0.5$

となり，誤差の絶対値は，0.5 以下であるといえる。

例 ある数 a の小数第 1 位を四捨五入して近似値を求めると，28 であったとき，ある数 a の範囲は，

$27.5\leqq a<28.5$ (誤差の絶対値は 0.5 以下)

また，ある数 a の小数第 2 位を四捨五入して近似値を求めると，28.4 であったとき，ある数 a の範囲は，

$28.35\leqq a<28.45$

となり，誤差の絶対値は 0.05 以下となる。

有理化（ゆうりか）

分母に $\sqrt{\ \ }$ がある数に，分母と分子に同じ数をかけて，分母に $\sqrt{\ \ }$ がない形で表すこと。

例 $\frac{1}{\sqrt{6}}$ の分母を有理化すると $\frac{1}{\sqrt{6}}=\frac{1\times\sqrt{6}}{\sqrt{6}\times\sqrt{6}}=\frac{\sqrt{6}}{6}$

$\frac{\sqrt{2}}{\sqrt{7}}$ の分母を有理化すると $\frac{\sqrt{2}}{\sqrt{7}}=\frac{\sqrt{2}\times\sqrt{7}}{\sqrt{7}\times\sqrt{7}}=\frac{\sqrt{14}}{7}$

ワンポイント a，b が正の数のとき，$\frac{\sqrt{a}}{\sqrt{b}}$ の分母を有理化するには，

$\frac{\sqrt{a}}{\sqrt{b}}$ の分母と分子に $\sqrt{b}$ をかけて，$\frac{\sqrt{a}}{\sqrt{b}}=\frac{\sqrt{a}\times\sqrt{b}}{\sqrt{b}\times\sqrt{b}}=\frac{\sqrt{ab}}{b}$ とする。

Column

背理法（はいりほう）

「A が成り立たない」と仮定すると矛盾（むじゅん）が起こることを根拠として「A が成り立つ」ことを証明する方法。

例 $\sqrt{5}$ が無理数であることを，背理法で証明する。

〔証明〕

$\sqrt{5}$ は無理数ではない。すなわち，$\sqrt{5}$ が有理数であると仮定すると，

$\sqrt{5}$ は分数で表せるから，

$\sqrt{5}=\frac{b}{a}\left(\frac{b}{a}\text{ は既約分数}\right)$ …①

とおける。①の両辺を 2 乗して変形すると，$5a^2=b^2$ …②

②の左辺は 5 の倍数であるから，②の右辺の b^2 も 5 の倍数となる。

よって，b も 5 の倍数となるので，$b=5m$ とおくことができる。

これを②に代入すると，$5a^2=(5m)^2=25m^2$，$a^2=5m^2$

このことから，a も 5 の倍数である。

a と b はともに 5 の倍数となるから，5 を共通の約数にもつので，$\frac{b}{a}$ が既約分数であること，つまり，仮定に矛盾する。

よって，$\sqrt{5}$ は無理数である。

根号をふくむ式の加法・減法・乗法・除法 3年

▼根号をふくむ式の四則計算についての公式

公式

根号をふくむ式の加法・減法

① $m\sqrt{a}+n\sqrt{a}=(m+n)\sqrt{a}$ （a は正の数）

② $m\sqrt{a}-n\sqrt{a}=(m-n)\sqrt{a}$ （a は正の数）

◉$\sqrt{\ }$ の部分が同じ場合，同類項をまとめるときと同じように，計算することができる。

根号をふくむ式の乗法・除法

③ $\sqrt{a}\times\sqrt{b}=\sqrt{a\times b}$ （a，b は正の数）

④ $\dfrac{\sqrt{a}}{\sqrt{b}}=\sqrt{\dfrac{a}{b}}$ （a，b は正の数）

⑤ $\sqrt{m^2\times a}=m\sqrt{a}$ （m，a は正の数）

◉乗法・除法では，1つの $\sqrt{\ }$ にまとめて計算することができる。

使い方 1 根号をふくむ式の加法

$4\sqrt{3}+5\sqrt{3}$ を計算する。

公式①を利用して，

$$4\sqrt{3}+5\sqrt{3}=(4+5)\sqrt{3}$$
$$=9\sqrt{3}$$

使い方 2 根号をふくむ式の減法

$2\sqrt{7}-8\sqrt{7}$ を計算する。

公式②を利用して，

$$2\sqrt{7}-8\sqrt{7}=(2-8)\sqrt{7}$$
$$=-6\sqrt{7}$$

使い方 3　根号をふくむ式の乗法

$\sqrt{14}\times\sqrt{6}$ を計算する。

公式③と⑤を利用して，

$$
\begin{aligned}
\sqrt{14}\times\sqrt{6}&=\sqrt{14\times6}\\
&=\sqrt{2\times7\times2\times3}\\
&=\sqrt{2^2\times7\times3}\\
&=2\sqrt{21}
\end{aligned}
$$

ワンポイント

$\sqrt{\quad}$ の中をできるだけ簡単な数にして答えること。

使い方 4　根号をふくむ式の除法

$\sqrt{48}\div\sqrt{2}$ を計算する。

公式④と⑤を利用して，

$$\sqrt{48}\div\sqrt{2}=\sqrt{\frac{48}{2}}=\sqrt{24}=\sqrt{2^2\times6}=2\sqrt{6}$$

ワンポイント

分配法則や乗法の公式などを利用して展開してから，公式を使って計算することができる。

例 $\sqrt{2}(\sqrt{30}-4)$ を展開する。

$$
\begin{aligned}
\sqrt{2}(\sqrt{30}-4)&=\sqrt{2}\times\sqrt{30}-\sqrt{2}\times4\\
&=\sqrt{2\times30}-4\sqrt{2}\\
&=\sqrt{2^2\times15}-4\sqrt{2}\\
&=2\sqrt{15}-4\sqrt{2}
\end{aligned}
$$

公式③より $\sqrt{2}\times\sqrt{30}=\sqrt{2\times30}$

$2\times30=2\times2\times15$

公式⑤より $\sqrt{2^2\times15}=2\sqrt{15}$

例 $(\sqrt{7}-\sqrt{3})^2$ を展開する。

$$
\begin{aligned}
(\sqrt{7}-\sqrt{3})^2&=(\sqrt{7})^2-2\times\sqrt{3}\times\sqrt{7}+(\sqrt{3})^2\\
&=7-2\sqrt{21}+3\\
&=10-2\sqrt{21}
\end{aligned}
$$

公式③より $\sqrt{3}\times\sqrt{7}=\sqrt{3\times7}$

2次方程式

1年 2年 3年 さくいん

2次方程式の解き方・利用 3年

2次方程式

移項【▶ P.26】して整理することで，(x の2次式)$=0$ という形になる方程式。一般に，$ax^2+bx+c=0$ という式で表される。

例 $x^2+3x+2=0$，$x^2-9=0$，$4x^2-8x=0$ など。

2次方程式の解

2次方程式を成り立たせる文字の値のこと。

2次方程式を解く 基本

2次方程式のすべての解を求めること。

◉ 2次方程式の解き方には，平方根【▶ P.49】の考えを使った解き方，因数分解【▶ P.37】を使った解き方，解の公式【▶ P.57】を使った解き方などがある。

例 平方根の考えを使った解き方 ($ax^2-b=0$ の形)

$$2x^2-48=0$$
($ax^2=b$ の形に変形)
$$2x^2=48$$
(両辺を2でわる)
$$x^2=24$$
(24の平方根を求める)
$$x=\pm\sqrt{24}$$
$$x=\pm2\sqrt{6}$$

ワンポイント $x=\pm2\sqrt{6}$ は，$x=2\sqrt{6}$ と $x=-2\sqrt{6}$ の2つの解をまとめて表している。

例 平方根の考えを使った解き方 ($(x+m)^2=n$ の形)

$$(x-1)^2=6$$
($x-1=A$ とおくと，$A^2=6$，$A=\pm\sqrt{6}$)
$$x-1=\pm\sqrt{6}$$
$$x=1\pm\sqrt{6}$$

例 $x^2+px+q=0$ の解き方（$(x+m)^2=n$ の形に変形）

$$x^2+4x-9=0$$

数の項を移項する

$$x^2+4x=9$$

x の係数の半分を 2 乗した数を両辺にたす

$$x^2+4x+2^2=9+2^2$$

$$(x+2)^2=13$$

$$x+2=\pm\sqrt{13}$$

$$x=-2\pm\sqrt{13}$$

例 因数分解を使った解き方（$ax^2+bx=0$ の形）

$$4x^2-7x=0$$

共通な因数をとり出す

$$x(4x-7)=0$$

$x=0$ または $4x-7=0$

$$x=0,\ \frac{7}{4}$$

例 因数分解を使った解き方（$(x+a)(x+b)=0$ の形に変形）

$$x^2+8x-20=0$$

左辺を因数分解

$$(x-2)(x+10)=0$$

$(x+a)(x+b)=0$ ならば $x+a=0$ または $x+b=0$

$x-2=0$ または $x+10=0$

$$x=2,\ -10$$

例 因数分解を使った解き方（$(x+a)^2=0$ の形に変形）

$$x^2+16x+64=0$$

左辺を因数分解

$$(x+8)^2=0$$

$$x+8=0$$

$$x=-8$$

ワンポイント ふつう 2 次方程式には解が 2 つあるが，解が 1 つになることもある。

2次方程式の解の公式 3年

▼2次方程式 $ax^2+bx+c=0$ を解くために使う公式

公式

2次方程式 $ax^2+bx+c=0$ の解は

$$x=\frac{-b\pm\sqrt{b^2-4ac}}{2a}$$

◉2次方程式 $ax^2+bx+c=0$ で，a，b，c の値がわかれば，解の公式にそれぞれの値を代入して，方程式の解を求めることができる。

使い方1 $ax^2+bx+c=0$ の形の方程式

2次方程式 $3x^2+5x+1=0$ を解く。

2次方程式の解の公式に $a=3$，$b=5$，$c=1$ を代入して，

$$x=\frac{-5\pm\sqrt{5^2-4\times3\times1}}{2\times3}$$

$$=\frac{-5\pm\sqrt{13}}{6}$$

使い方2 c が負の数になっている方程式

2次方程式 $3x^2+2x-2=0$ を解く。

2次方程式の解の公式に $a=3$，$b=2$，$c=-2$ を代入して，

$$x=\frac{-2\pm\sqrt{2^2-4\times3\times(-2)}}{2\times3}=\frac{-1\pm\sqrt{7}}{3}$$

注意⚠

a，b，c に負の値を代入するときは，代入したときの正負の符号に注意する。
特に，分子の「$-b$」の部分や「$-4ac$」の符号は間違えやすい。

使い方 3 $ax^2+bx=0$ の形の方程式 ($c=0$)

2次方程式 $3x^2+2x=0$ を解く。

2次方程式の解の公式に $a=3$, $b=2$, $c=0$ を代入して,

$$x=\frac{-2\pm\sqrt{2^2-4\times3\times0}}{2\times3}=\frac{-2\pm2}{6}$$

よって, $x=-\frac{2}{3}$, 0

使い方 4 $ax^2+c=0$ の形の方程式 ($b=0$)

2次方程式 $3x^2-2=0$ を解く。

2次方程式の解の公式に $a=3$, $b=0$, $c=-2$ を代入して,

$$x=\frac{-0\pm\sqrt{0^2-4\times3\times(-2)}}{2\times3}=\pm\frac{2\sqrt{6}}{6}$$

よって, $x=-\frac{\sqrt{6}}{3}$, $\frac{\sqrt{6}}{3}$

ワンポイント

上の **使い方 3**, **使い方 4** のように $b=0$ や $c=0$ の方程式も解の公式で解くことができるが, そのような場合は因数分解を使って解くほうが簡単である。

例 2次方程式 $3x^2+2x=0$ を解く。

方程式の左辺を因数分解すると,

$3x^2+2x=x(3x+2)$

となるので, 方程式の解は $x=0$ と $3x+2=0$ の解。

よって, $x=0$, $-\frac{2}{3}$

Column

b が偶数のときの2次方程式の解の公式(高校で学習する範囲)

2次方程式 $ax^2+bx+c=0$ で, $b=2b'$ (b が偶数)のとき,

$$x=\frac{-b\pm\sqrt{b^2-4ac}}{2a}=\frac{-2b'\pm\sqrt{(2b')^2-4ac}}{2a}=\frac{-2b'\pm\sqrt{4(b'^2-ac)}}{2a}$$

$$=\frac{-2b'\pm2\sqrt{b'^2-ac}}{2a}=\frac{-b'\pm\sqrt{b'^2-ac}}{a}$$

関数編

比例と反比例

1次関数

関数 $y=ax^2$

関数編

比例と反比例

関数・比例・反比例 1年

変数（へんすう） 基本

いろいろな値をとる文字。

関数（かんすう） 基本

ともなって変わる2つの変数 x，y があり，x の値を決めると，それに対応して y の値がただ1つ決まるとき，y は x の関数であるという。

例 1辺の長さが x cm の正方形の周の長さが y cm であるとき，正方形の1辺の長さ x cm を決めると周の長さ y cm はただ1つに決まるから，y は x の関数である。

(正方形の周の長さ)＝(1辺の長さ)×4

であるから，x と y の関係を式に表すと，

$y=4x$

変域（へんいき）

変数のとる値の範囲。変域は，不等号を使って表す。

例 x のとる値が -3 以上5未満のとき，x の変域を，不等号を使って表すと，

$-3 \leqq x < 5$

数直線を使って表すと，

−3　　5

端の数をふくむときは•，ふくまないときは◦を使って表す。

ワンポイント 不等号の意味は次の通りである。

a は b 以上…$a \geqq b$

a は b 以下…$a \leqq b$

a は b より大きい…$a > b$

a は b より小さい…$a < b$

定数（ていすう）

決まっている数，またはそれを表す文字。

例 関数 $y=2x$ で，x，y は変数，2 は定数。
関数 $y=ax$ で，y は x の関数であるとき，x，y は変数，a は定数。（x，y の値が変化しても，a の値は変化しない。）

比例（ひれい） 基本

y が x の関数で，x と y の関係が，

$y=ax$（a は定数）

の形の式で表されるとき，y は x に比例するという。

例 $y=3x$，$y=-x$，$y=\frac{1}{2}x$ など。

比例定数（比例の関係）

比例の関係 $y=ax$ で，定数 a のこと。

ワンポイント x と y の値が 1 組わかれば，比例定数 a が求められる。

比例のグラフ

比例の関係 $y=ax$ のグラフは，原点を通る直線となる。

ワンポイント $y=ax$ のグラフは，a の値が正か負かによって，次のようになる。

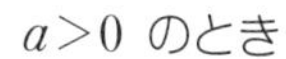
$a>0$ のとき

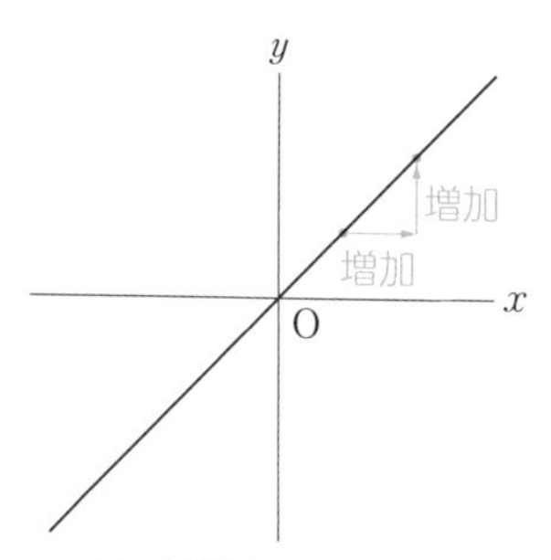

x の値が増加すると，y の値も増加する。
➡右上がりの直線

$a<0$ のとき

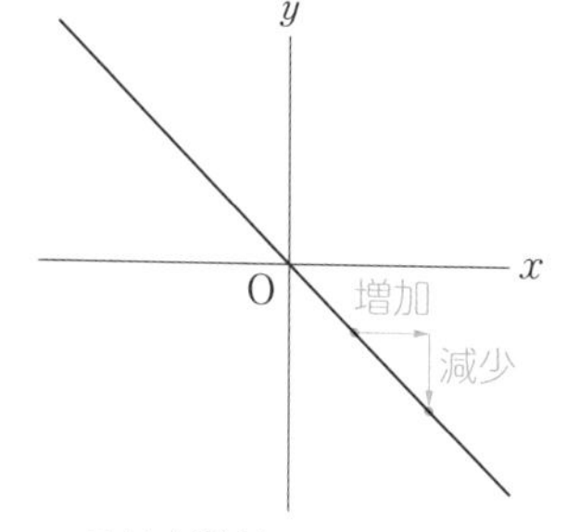

x の値が増加すると，y の値は減少する。
➡右下がりの直線

x 軸（じく） 基本

右のような図の，横の数直線。横軸。

y 軸 基本

右のような図の，縦の数直線。縦軸。

y
y 軸
x 軸
座標軸
x
O
原点

座標軸（ざひょうじく） 基本

x 軸と y 軸をあわせたもの。

原点（げんてん）（座標） 基本

座標軸の交点。右上の図の O（オー）。

x 座標

グラフ上のある点 A において，A から x 軸に垂直【▶ P.79】にひいた直線と x 軸との交点の目もり。

例 右の図の点 A の x 座標は 5

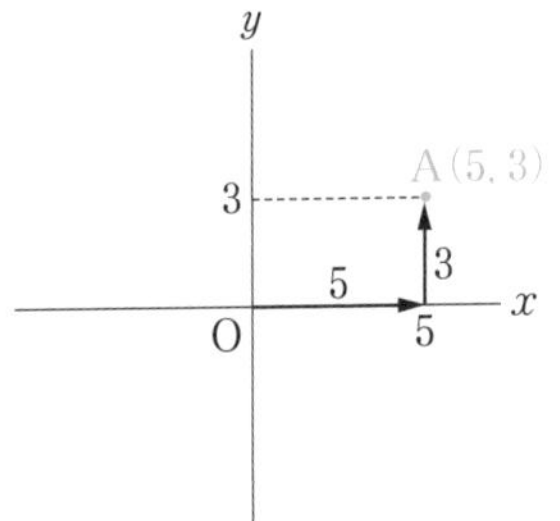

y 座標

グラフ上のある点 A において，A から y 軸に垂直【▶ P.79】にひいた直線と y 軸との交点の目もり。

例 右上の図の点 A の y 座標は 3

座標 基本

x 座標と y 座標を組にして，点の座標といい，(x 座標，y 座標)のように書いて，点の位置を表す。

例 右上の図で，点 A の座標は，(5, 3)，原点 O の座標は，(0, 0)

x 座標　y 座標

反比例(はんぴれい) 基本

y が x の関数で，x と y の関係が，

$$y=\frac{a}{x}\ (a\ は定数)$$

の形の式で表されるとき，y は x に反比例するという。

例 $y=\frac{1}{x}$，$y=\frac{8}{x}$，$y=-\frac{4}{x}$ など。

比例定数（反比例の関係）

反比例の関係 $y=\frac{a}{x}$ で，定数 a のこと。

ワンポイント x と y の値が 1 組わかれば，比例定数 a が求められる。

双曲線(そうきょくせん) 基本

反比例の関係 $y=\frac{a}{x}$ のグラフ。なめらかな2つの曲線になる。

例 $y=\frac{a}{x}$ のグラフ

$a>0$ のとき　　$a<0$ のとき

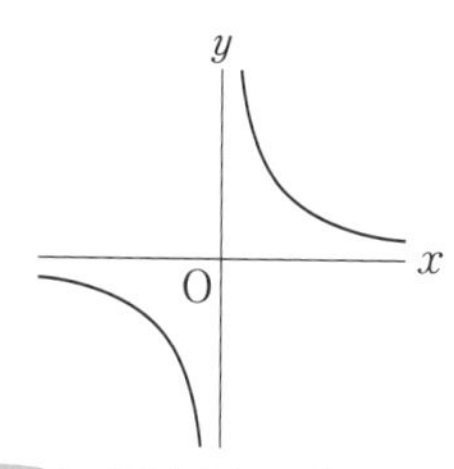

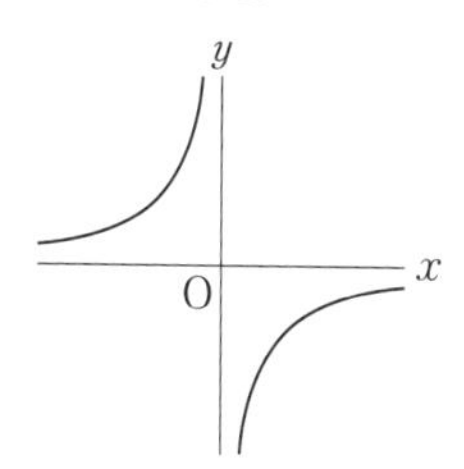

ワンポイント 反比例のグラフは，x 軸，y 軸と交わらない。また，反比例のグラフは，原点について点対称な双曲線である。

$a>0$ のとき　　$a<0$ のとき

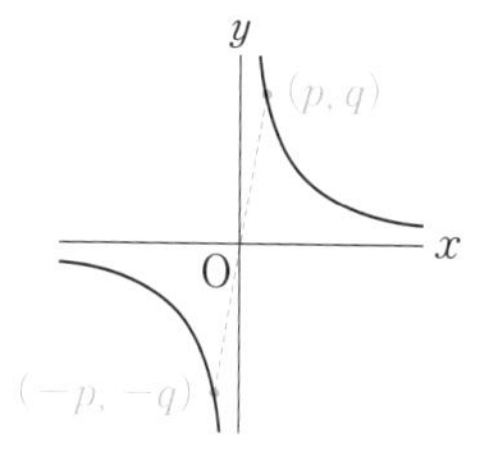

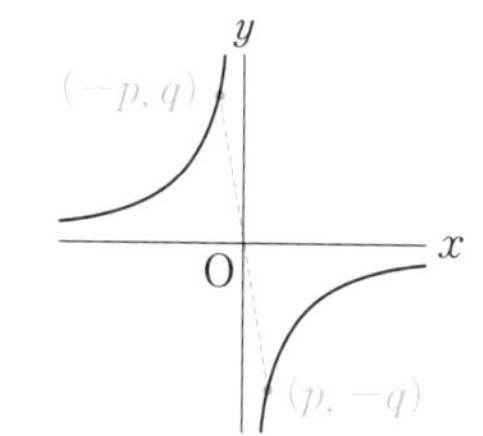

1年
2年
3年
さくいん

中点の座標の公式 1年

▼線分 AB の中点【 P.81】M の座標を求める公式

公式

$A(x_1,\ y_1)$，$B(x_2,\ y_2)$ とすると，線分 AB の中点 M の座標は，

$$M\left(\frac{x_1+x_2}{2},\ \frac{y_1+y_2}{2}\right)$$

◉座標が定められた平面上にある，線分 AB の中点 M の座標を公式で求めることができる。

使い方 1 2点の x 座標，y 座標が正のとき

A(1，3)，B(7，9) のとき，線分 AB の中点 M の座標を求める。

公式に $x_1=1$，$y_1=3$，$x_2=7$，$y_2=9$ を代入すると，

中点 M の

x 座標は，$\dfrac{1+7}{2}=4$

y 座標は，$\dfrac{3+9}{2}=6$

よって，M(4，6)

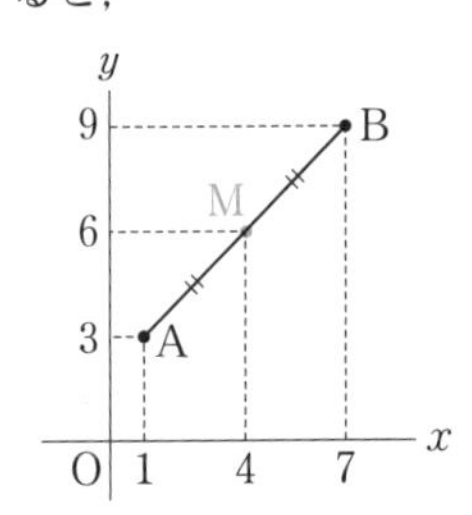

使い方 2 点 A の x 座標，y 座標が負のとき

A(−4，−6)，B(6，2) のとき，線分 AB の中点 M の座標を求める。

公式に $x_1=-4$，$y_1=-6$，$x_2=6$，$y_2=2$ を代入すると，

中点 M の

x 座標は，$\dfrac{-4+6}{2}=1$

y 座標は，$\dfrac{-6+2}{2}=-2$

よって，M(1，−2)

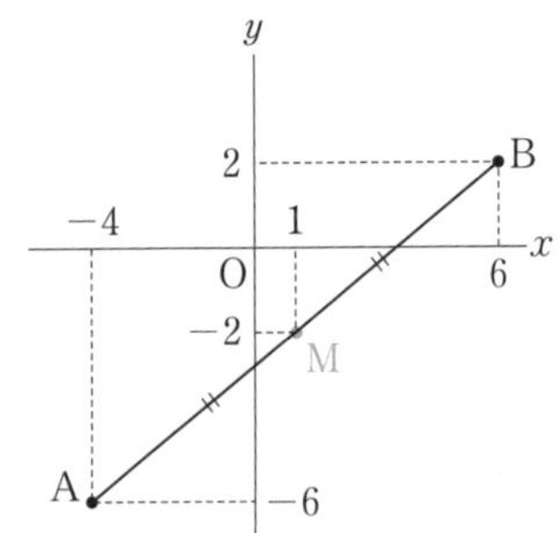

1次関数

1次関数・1次関数のグラフ・1次関数と方程式 2年

1次関数 基本

y が x の関数で，y が x の1次式で表されるとき，y は x の1次関数であるという。1次関数は，a，b を定数として，一般に

$y=ax+b$

の形の式で表される。

例 $y=2x-1$，$y=-3x+4$ など。

ワンポイント 1次関数 $y=ax+b$ は，x に比例する部分 ax と定数の部分 b との和の形になっていて，$b=0$ のときには $y=ax$ となり，比例の関係になる。

変化の割合 基本

x の増加量に対する y の増加量の割合。（公式は P.69）

ワンポイント 1次関数 $y=ax+b$ では，変化の割合は常に一定で，a に等しい。この定数 a は，x が1増加したときの y の増加量を表している。

切片（せっぺん） 基本

関数 $y=ax+b$ のグラフと y 軸との交点$(0, b)$の y 座標 b のこと。

直線 $y=ax+b$ の b の値。

例 直線 $y=5x-2$ の切片は，-2

傾き（かたむ） 基本

直線 $y=ax+b$ の a の値。

例 直線 $y=-3x+1$ の傾きは，-3

1次関数のグラフ

1次関数 $y=ax+b$ のグラフは，比例のグラフ $y=ax$ を y 軸の正の方向に b だけ平行移動【▶ P.80】した直線。

【▶ P.80】

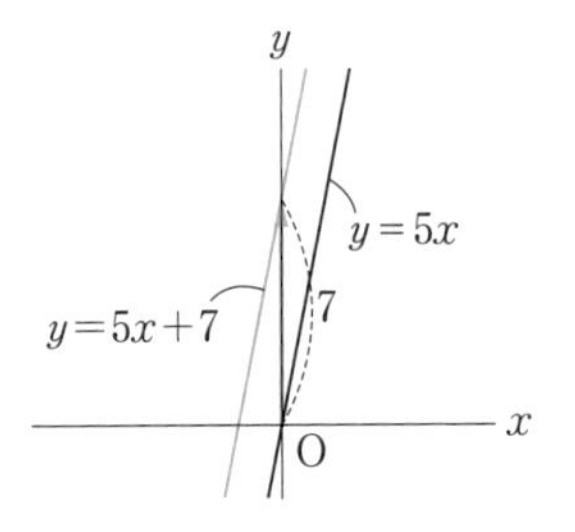

例 $y=5x+7$ のグラフは，$y=5x$ のグラフをy軸の正の方向に7だけ平行移動した直線。

ワンポイント 1次関数 $y=ax+b$ では，

①$a>0$ のとき
- x の値が増加
  → y の値も増加
- グラフは右上がりの直線。

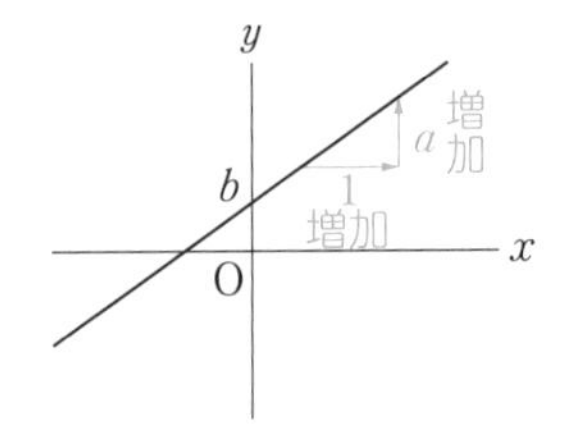

②$a<0$ のとき
- x の値が増加
  → y の値は減少
- グラフは右下がりの直線。

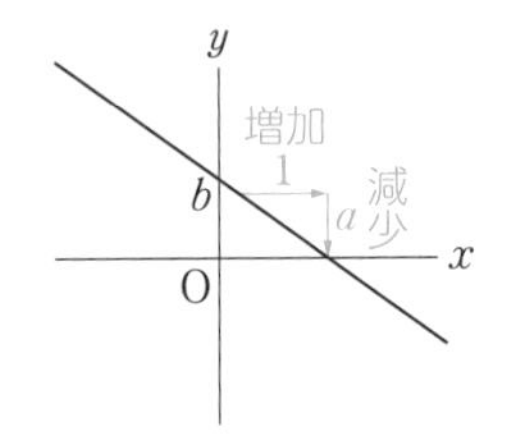

1次関数 $y=ax+b$ の変化の割合 a と，直線 $y=ax+b$ の傾き a は，ともに x が1増加したときの y の増加量を表すので同じである。

Column

比例と1次関数

比例の関係 $y=ax$ は，1次関数 $y=ax+b$ で，$b=0$ の場合である。つまり，比例の関係は，1次関数の特別な形であるといえる。
しかし，1次関数がすべて比例の関係であるとはいえない。比例の関係では，x の値が2倍，3倍，…となると y の値も2倍，3倍，…となるが，$b \neq 0$ のときの1次関数では x の値が2倍，3倍，…となっても y の値は2倍，3倍，…とならないので比例の関係とならない。

方程式のグラフ

方程式の解を座標とする点の集まり。

例 方程式 $x+y=10$ の解は,
$(x,\ y)=(0,\ 10),\ (1,\ 9),\ (2,\ 8),\ \cdots$
であるから，そのグラフは，
点$(0,\ 10),\ (1,\ 9),\ (2,\ 8),\ \cdots$を通る
直線となる。

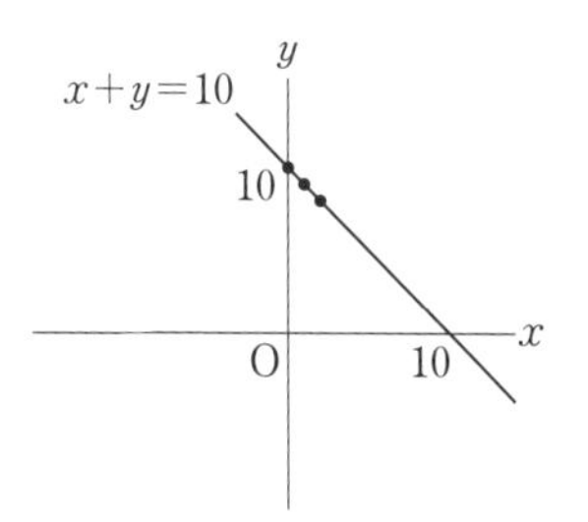

2元1次方程式のグラフ

2元1次方程式 $ax+by=c$ の解を座標とする点の集まり。

◉ 2元1次方程式のグラフのかき方は,
①yについて解き，傾きと切片を使ってかく。
②直線上の2点を求めてかく。
などがある。

例 方程式 $3x+2y=6$ のグラフ

①yについて解くと，$y=-\dfrac{3}{2}x+3$
よって，傾き$-\dfrac{3}{2}$，切片3のグラフをかく。

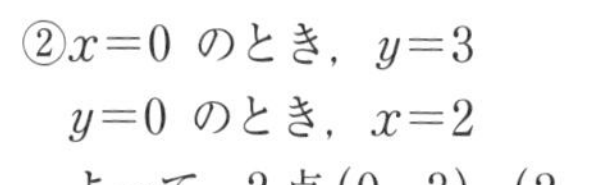
②$x=0$ のとき，$y=3$
$y=0$ のとき，$x=2$
よって，2点$(0,\ 3)$，$(2,\ 0)$を通る直線をかく。

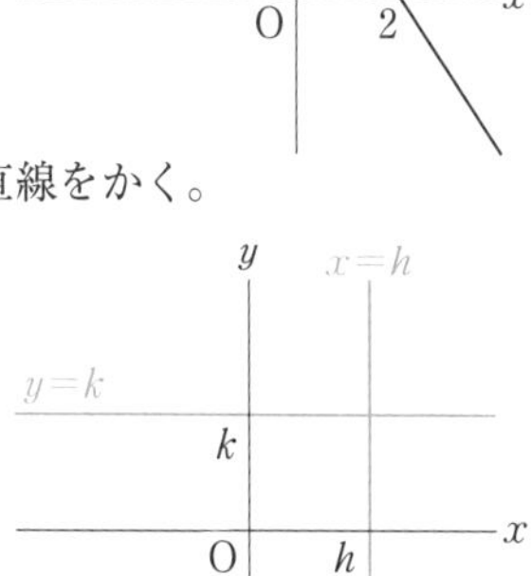

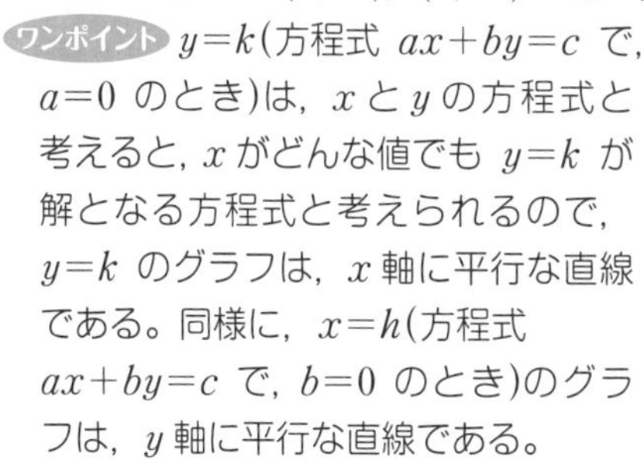
ワンポイント $y=k$(方程式 $ax+by=c$ で，$a=0$ のとき)は，xとyの方程式と考えると，xがどんな値でも $y=k$ が解となる方程式と考えられるので，$y=k$ のグラフは，x軸に平行な直線である。同様に，$x=h$(方程式 $ax+by=c$ で，$b=0$ のとき)のグラフは，y軸に平行な直線である。

y $x=h$
$y=k$
k
O h x

グラフの交点

x，y についての連立方程式の解は，それぞれの方程式のグラフの交点の座標と一致する。

例 連立方程式 $\begin{cases} 2x-y=5 \cdots ① \\ x+y=4 \cdots ② \end{cases}$ の解を，グラフを使って求める。

①を y について解くと，$y=2x-5$
②を y について解くと，$y=-x+4$
グラフは，右の図のようになる。
交点の座標をグラフから読みとると，交点は $(3,\ 1)$ であるから，連立方程式の解は，$(x,\ y)=(3,\ 1)$

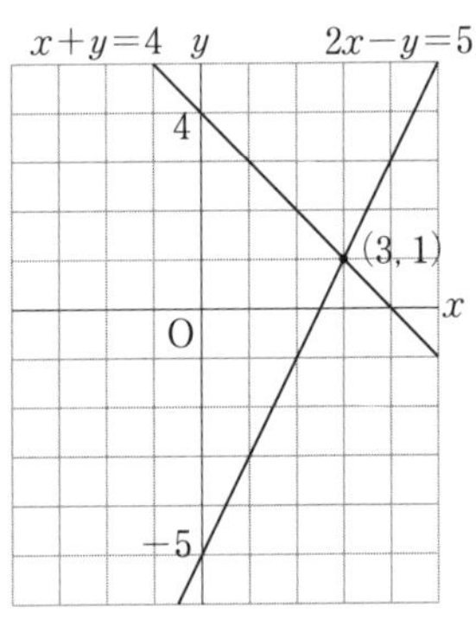

ダイヤグラム

横軸に時刻，縦軸に道のりをとり，列車などの運行のようすを表したグラフ。

例

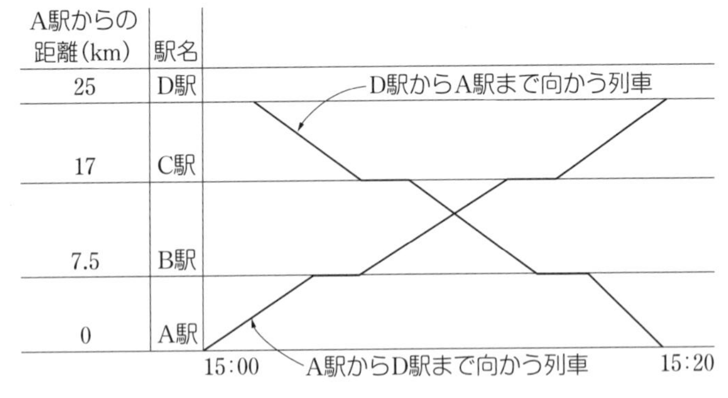

変化の割合 2年

▼ x の増加量に対する y の増加量の割合(変化の割合)を求める公式

公式

1次関数 $y=ax+b$ の変化の割合は，

$$\text{変化の割合}=\frac{y\text{の増加量}}{x\text{の増加量}}=a$$

◉ 1次関数 $y=ax+b$ の変化の割合は一定で，a に等しい。これより，y の増加量は，$a\times$(x の増加量) で求めることができる。

使い方 1 x の増加量と y の増加量から変化の割合を求める

x の増加量が5，y の増加量が3のとき，変化の割合を求める。

公式に x の増加量$=5$，y の増加量$=3$ をあてはめて考えると，変化の割合は，$\frac{3}{5}$

使い方 2 表から変化の割合を求める

y が x の1次関数であり，対応する x，y の値が下の表のようになるときの変化の割合を求める。

x	-3	2
y	33	-17

x が -3 から 2 まで増加するときの x の増加量は，

$2-(-3)=5$

y の増加量は，

$-17-33=-50$

これを公式にあてはめて考えると，変化の割合は，

$\frac{-50}{5}=-10$

使い方 3 グラフから変化の割合を求める

右のグラフのように表される1次関数の変化の割合を求める。

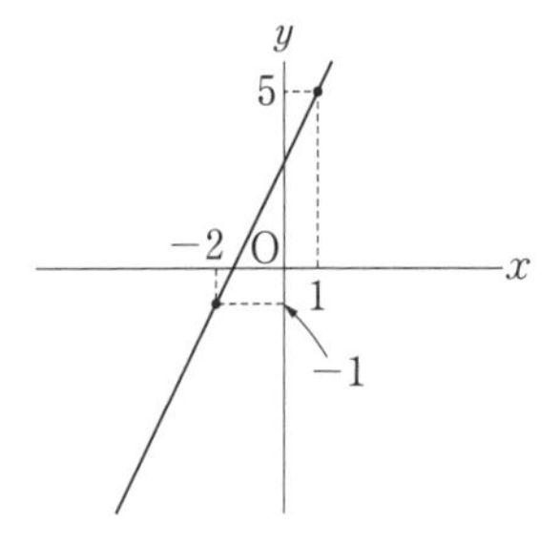

グラフより，x の値は -2 から 1 に増加しているので，x の増加量は，$1-(-2)=3$

y の値は -1 から 5 に増加しているので

y の増加量は，$5-(-1)=6$

よって，変化の割合は，$\dfrac{6}{3}=2$

ワンポイント

使い方 3 を利用すると，2 点の座標から直線 $y=ax+b$ の式を次のように求めることができる。

使い方 3 の 2 点 $(1,\ 5)$，$(-2,\ -1)$ を通る直線を考える。

変化の割合と直線の傾きは等しいので，$y=2x+b$ とおける。

$x=1$，$y=5$ をそれぞれ代入すると，$5=2\times1+b$，$b=3$

よって，求める直線は，$y=2x+3$

Column

反比例の変化の割合

比例や 1 次関数と異なり，反比例では，変化の割合は一定ではない。

例 反比例の関係 $y=\dfrac{12}{x}$ の変化の割合を考える。

x の値が 1 から 2 まで増加するときの変化の割合は，

x の増加量$=2-1=1$，y の増加量$=\dfrac{12}{2}-\dfrac{12}{1}=-6$

であるから，変化の割合$=\dfrac{y\text{の増加量}}{x\text{の増加量}}=\dfrac{-6}{1}=-6$

x の値が 2 から 3 まで増加するときの変化の割合は，

x の増加量$=3-2=1$，y の増加量$=\dfrac{12}{3}-\dfrac{12}{2}=-2$

であるから，変化の割合$=\dfrac{y\text{の増加量}}{x\text{の増加量}}=\dfrac{-2}{1}=-2$

よって，x の区間によって変化の割合が違うので，反比例の変化の割合は一定ではない。

関数 $y=ax^2$・いろいろな関数 3年

関数 $y=ax^2$ 基本

y が x の関数で，y が x の2乗に比例する関係であるとき，その関数は $y=ax^2$（a は定数）の形の式で表される。

例 $y=2x^2$，$y=-x^2$ など。

比例定数（関数 $y=ax^2$）

関数 $y=ax^2$ で，定数 a のこと。

ワンポイント x と y の値が1組わかれば，比例定数 a が求められる。

放物線（ほうぶつせん） 基本

関数 $y=ax^2$ のグラフのような曲線。

例

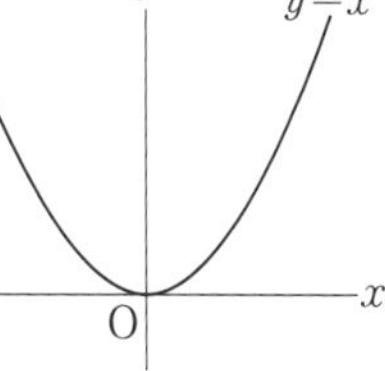

ワンポイント 放物線は，線対称な図形である。

放物線の軸

放物線の対称の軸。

◉$y=ax^2$ のグラフは y 軸について対称な曲線であるから，放物線の軸は y 軸である。

放物線の頂点

軸と放物線との交点。

◉$y=ax^2$ のグラフの頂点は原点である。

$y=ax^2$　軸　放物線　頂点

関数 $y=ax^2$ のグラフ

関数 $y=ax^2$ のグラフは放物線となり，a の値の絶対値【**▶ P.13****】が大きいほど，グラフの開き方は小さくなる。軸は y 軸，頂点は原点である。**

$a>0$ のときのグラフ

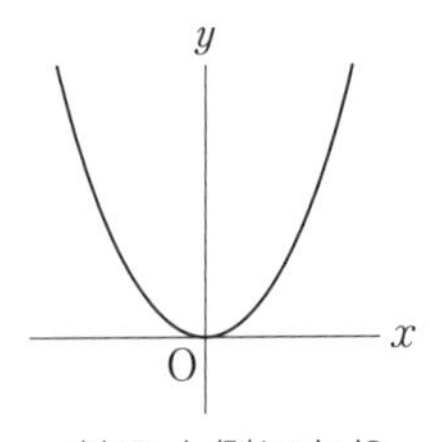

x 軸の上側にあり，
上に開いた形

$a<0$ のときのグラフ

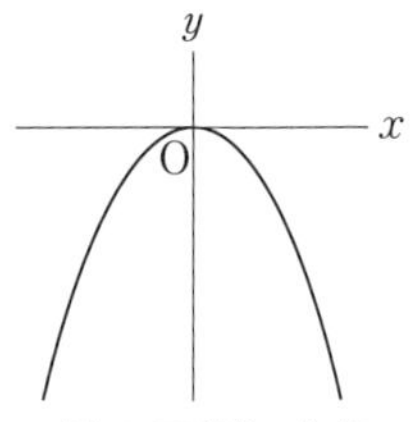

x 軸の下側にあり，
下に開いた形

ワンポイント 関数 $y=ax^2$ の増減・変域はグラフで見ると次のようになる。

$a>0$ のとき，

- $x\leqq0$ の範囲では，
  x の値が増加
  → y の値は減少
- $x\geqq0$ の範囲では，
  x の値が増加
  → y の値も増加

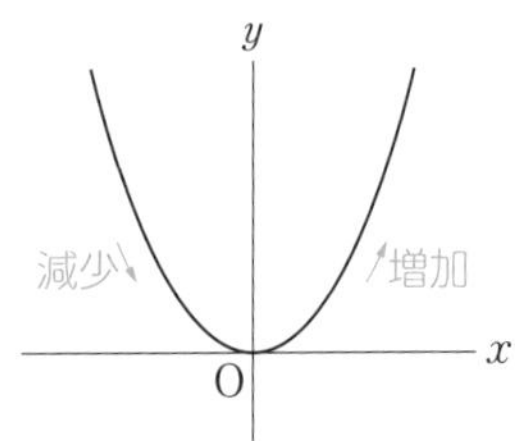

- $x=0$ のとき，y は最小値 0 をとる。
- x がどんな値でも，$y\geqq0$ である。

$a<0$ のとき，

- $x\leqq0$ の範囲では，
  x の値が増加
  → y の値も増加
- $x\geqq0$ の範囲では，
  x の値が増加
  → y の値は減少
- $x=0$ のとき，y は最大値 0 をとる。
- x がどんな値でも，$y\leqq0$ である。

いろいろな関数

比例や反比例，1次関数，関数 $y=ax^2$ 以外にも，次の例のような関数もある。いずれも，x の値を決めると，それに対応して y の値がただ1つに決まるから，y は x の関数である。

例 駐車料金

ある駐車場の駐車料金は，はじめの1時間までは400円，1時間を超えると，20分ごとに200円ずつ加算されていく。

駐車時間と駐車料金の関係は下の表のようになる。

時間	60分まで	80分まで	100分まで	120分まで	140分まで	
料金(円)	400	600	800	1000	1200	

これを，駐車時間を x 分，駐車料金を y 円としてグラフに表すと，右のようになる。

例 紙を切る回数とできた枚数

右の図のように，1枚の紙を半分に切ると2枚になり，その2枚を重ねて半分に切ると4枚になる。切った回数と，できた紙の枚数の関係は下の表のようになる。

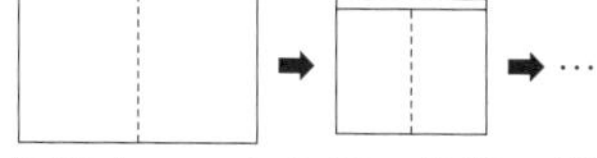

切った回数(回)	0	1	2	3	4	
できた紙の枚数(枚)	1	2	4	8	16	

これを，切った回数を x 回，できた紙の枚数を y 枚としてグラフに表すと，右のようになる。

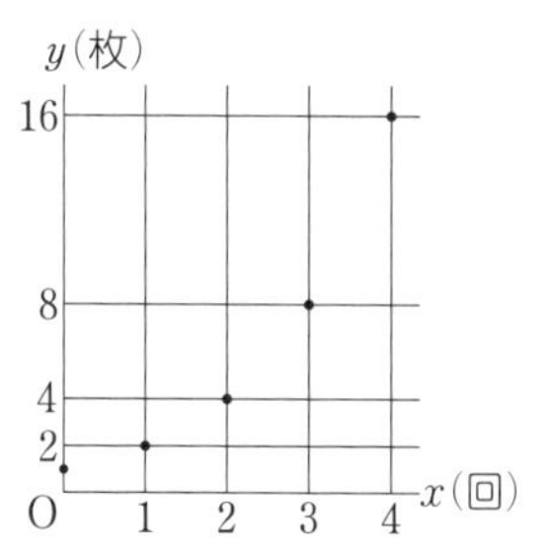

注意⚠ x は0か自然数なので，グラフを線で結んではいけない。

例 凹凸のある水そう

右の図のように，直方体の空(から)の水そうの中に，直方体のおもりを置く。この状態から，水そうに水を毎分 $1600\ \mathrm{cm}^3$ の割合で入れる。x 分間 $(0 \leqq x \leqq 50)$ 水を入れたときの水面の高さを y cm とすると，グラフは次のようになる。

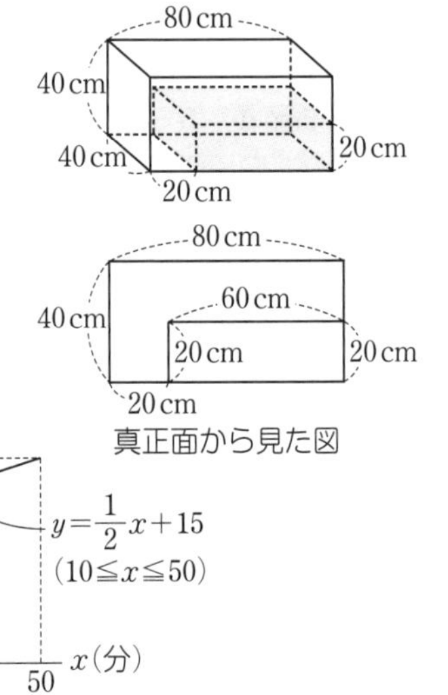

y(cm)

40

20

$y=2x$
$(0 \leqq x \leqq 10)$

$y=\frac{1}{2}x+15$
$(10 \leqq x \leqq 50)$

0　10　50　x(分)

例 観覧車

直径 100 m の観覧車が，一定の速度で回転している。

1 回転するのにかかる時間が 18 分のとき，ゴンドラが乗降場を出発してから x 分後の乗降場からの高さを y m とすると，$0 \leqq x \leqq 18$ のときの x と y の関係は，下の表のようになる。

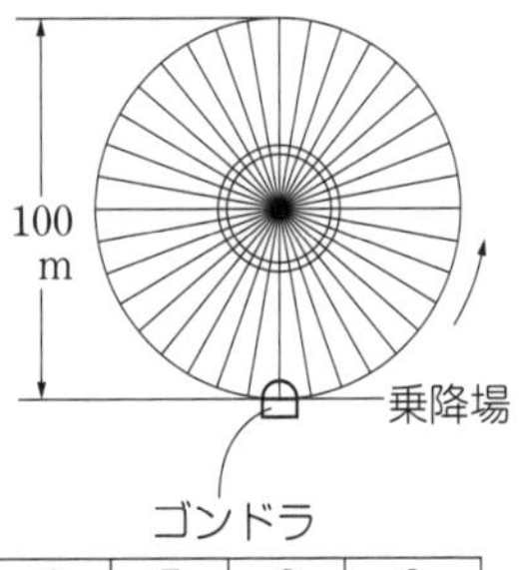

x(分)	0	1	2	3	4	5	6	7	8	9
y(m)	0	3.0	11.7	25.0	41.3	58.7	75.0	88.3	97.0	100.0

10	11	12	13	14	15	16	17	18
97.0	88.3	75.0	58.7	41.3	25.0	11.7	3.0	0

これをグラフに表すと，右のようになる。

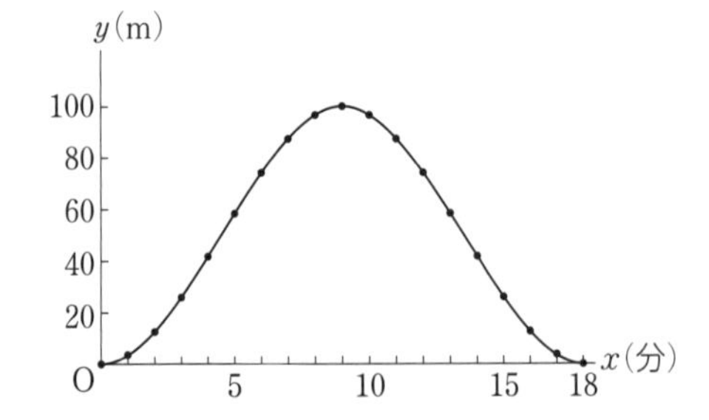

関数 $y=ax^2$ の変化の割合 3年

▼関数 $y=ax^2$ の変化の割合を求める公式

公式

関数 $y=ax^2$ で，x の値が p から q まで増加したときの変化の割合は，$a(p+q)$

●$x=p$，$x=q$ のときの y の値や y の増加量を求めずに，変化の割合を求めることができる。

使い方 1 $a>0$ のとき

関数 $y=4x^2$ で，x の値が1から5まで増加するときの変化の割合を求める。

公式に $a=4$，$p=1$，$q=5$ を代入すると，

$4\times(1+5)=24$

公式を使わずに求めてみると，$x=1$ のとき $y=4$，$x=5$ のとき $y=100$ であるから，

$$\text{変化の割合}=\frac{100-4}{5-1}=\frac{96}{4}=24$$

使い方 2 $a<0$ のとき

関数 $y=-3x^2$ で，x の値が0.25から3.75まで増加するときの変化の割合を求める。

公式に $a=-3$，$p=0.25$，$q=3.75$ を代入すると，

$-3\times(0.25+3.75)=-3\times4=-12$

Column

公式 $a(p+q)$ の導き方

関数 $y=ax^2$ で，$p\neq q$ として，$x=p$ のとき $y=ap^2$，$x=q$ のとき $y=aq^2$ であるから，変化の割合は，

$$\text{変化の割合}=\frac{y\text{の増加量}}{x\text{の増加量}}=\frac{aq^2-ap^2}{q-p}=\frac{a(q^2-p^2)}{q-p}=\frac{a(q+p)(q-p)}{q-p}$$

$$=a(p+q)$$

放物線と直線の交点 3年

▼放物線上の2点を通る直線の式を求める公式

公式

関数 $y=ax^2$ のグラフ上の2点 $\mathrm{P}(p,\ ap^2)$, $\mathrm{Q}(q,\ aq^2)$ を通る直線の式は,

$$y=a(p+q)x-apq$$

◉ 2点P, Qの y 座標 ap^2, aq^2 を求めなくても, 2点P, Qを通る直線の式を求めることができる。

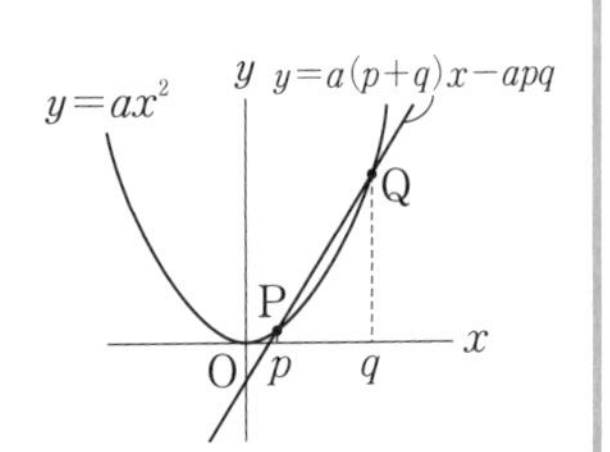

使い方 1 $a>0$ のとき

関数 $y=2x^2$ のグラフ上の2点P, Qがある。点Pの x 座標は -2, 点Qの x 座標は3のとき, 2点P, Qを通る直線の式を求める。

公式に $a=2$, $p=-2$, $q=3$ を代入すると,

$$y=2\times(-2+3)x-2\times(-2)\times3$$
$$=2x+12$$

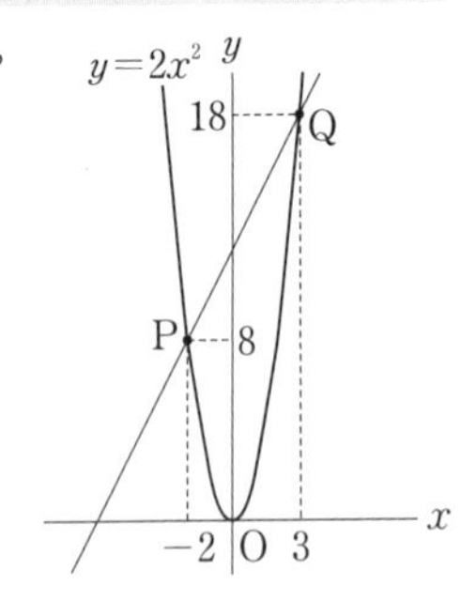

使い方 2 $a<0$ のとき

関数 $y=-x^2$ のグラフ上の2点P, Qがある。点Pの x 座標は $-\dfrac{3}{2}$, 点Qの x 座標は $\dfrac{5}{3}$ のとき, 2点P, Qを通る直線の式を求める。

公式に $a=-1$, $p=-\dfrac{3}{2}$, $q=\dfrac{5}{3}$ を代入すると,

$$y=(-1)\times\left(-\frac{3}{2}+\frac{5}{3}\right)x-(-1)\times\left(-\frac{3}{2}\right)\times\frac{5}{3}=-\frac{1}{6}x-\frac{5}{2}$$

図形編

平面図形

空間図形

図形の性質と合同

三角形・四角形

相似

円周角

三平方の定理

図形編

平面図形

直線・図形の移動・作図・円・おうぎ形 1年

直線 基本

限りなくまっすぐのびている線。

◉2点A，Bを通る直線のことを，直線ABという。

A　B

線分（せんぶん） 基本

直線のうち，両端のあるもの。

◉2点A，Bを結んだ線分は，線分ABという。

A　B

半直線 基本

線分の一端を限りなくまっすぐのばしたもの。

◉線分ABをBの方向にのばしたものを，半直線ABという。また，線分ABをAの方向にのばしたものを，半直線BAという。

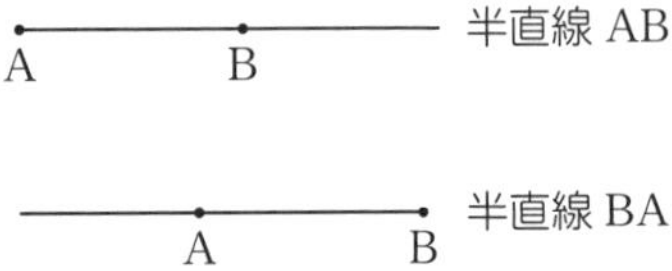

A　B　半直線AB

A　B　半直線BA

2点間の距離（きょり）

2点を結ぶ線のうち，もっとも短い長さ。

例 線分ABの長さが5cmのとき，2点A，B間の距離は5cm

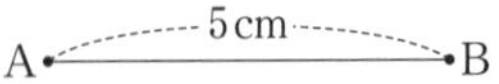

5cm

A　B

ワンポイント 点Aから点Bにいろいろな線をひいたとき，線分ABの長さがもっとも短い。

∠ABC

2つの半直線BA，BCがつくる角。角（かく）ABCと読む。

例

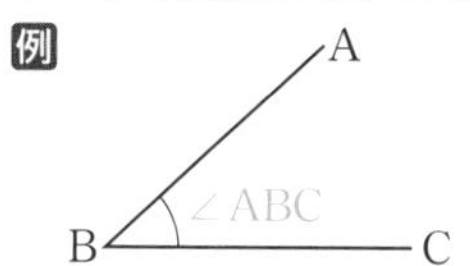

△ABC

3点A，B，Cを頂点とする三角形ABCのことを記号△を使って，△ABCと表す。

例 右の図の三角形PQRを記号△を使って表すと，△PQR

垂直（すいちょく）（直線と直線）基本

2つの直線AB，CDがつくる角が直角のとき，ABとCDは垂直であるという。このとき，記号⊥を使って，AB⊥CDと表す。

例 右の図では，$\ell \perp m$

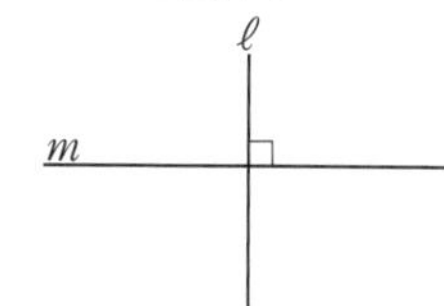

垂線（すいせん）（直線と直線）基本

2つの直線が垂直に交わっているとき，一方の直線を他方の直線の垂線という。

◆作図のしかた◆ 垂線の作図(直線AB上にない点Pから垂線をひく。)

①点Pを中心とする円をかき，直線ABとの交点をC，Dとする。

②点C，Dをそれぞれ中心として，等しい半径の円をかく。

③②の交点の1つをQとして，直線PQをひく。

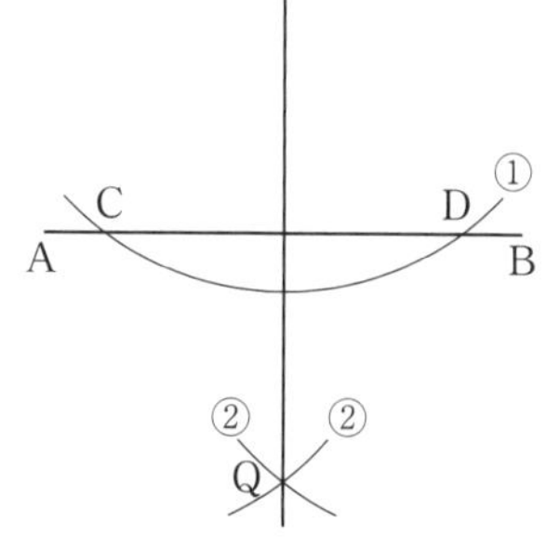

点と直線との距離

ある点と直線上の点を結ぶ線分の中で，もっとも短い長さ。

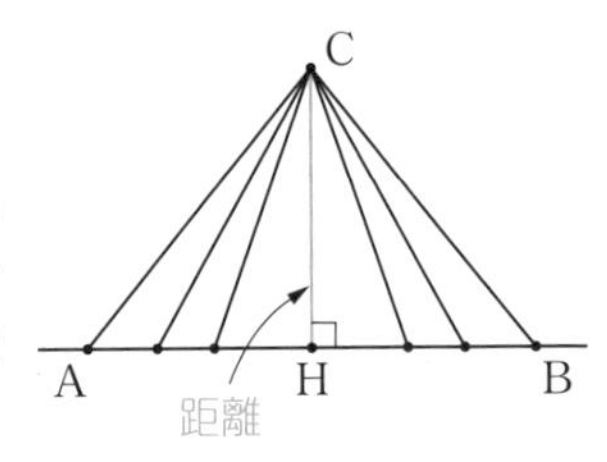

◉右の図のように，点Cから直線ABにひいた垂線と直線ABとの交点をHとすると，線分CHの長さが点Cと直線ABとの距離になる。

例 右上の図で，CH＝3 cmのとき，点Cと直線ABとの距離は3 cm

平行（直線と直線）基本

2つの直線AB，CDが交わらないとき，ABとCDは平行であるという。このとき，記号∥を使って，AB∥CDと表す。

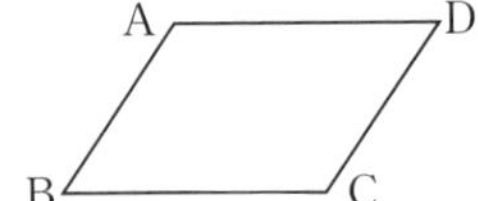

例 右の平行四辺形ABCDでは，
　AB∥DC，AD∥BC

平行な2直線の距離

2直線ℓとmが平行であるとき，直線ℓ上の点と直線mとの距離は一定であり，この距離を，平行な2直線ℓ，m間の距離という。

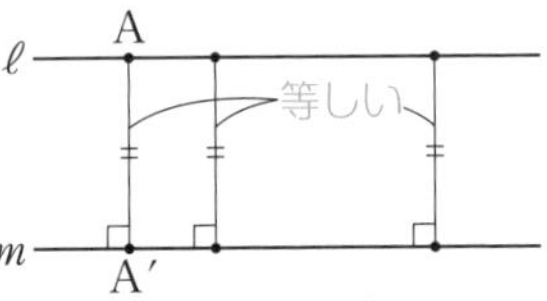

例 右上の図で，線分AA′の長さが8 cmのとき，ℓ，m間の距離は8 cm

移動

図形の形と大きさを変えずに，位置だけを動かすこと。

例 平行移動，回転移動，対称移動など。

平行移動

図形を，一定の方向に一定の長さだけ動かす移動。

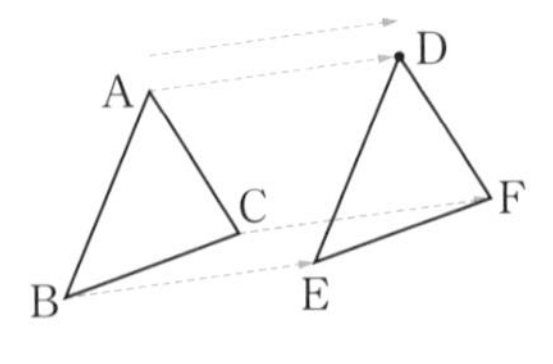

例 右の図で，△DEFは，△ABCを矢印の方向に矢印の長さだけ平行移動したもの。

回転移動

図形を，1つの点を中心として，一定の角度だけ回転させる移動。

例 右の図で，△DEF は，△ABC を点 O を中心として，時計の針の回転と反対の方向に 90° 回転移動したもの。

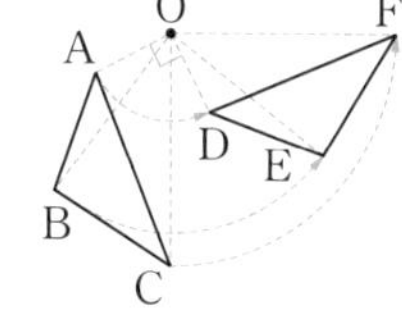

ワンポイント 右上の図で，AO＝DO，BO＝EO，CO＝FO，
∠AOD＝∠BOE＝∠COF＝90°

回転の中心

回転移動のとき，中心とする点。右上の図の点 O のこと。

点対称移動（てんたいしょういどう）

図形を，180° 回転移動させること。

例 右の図で △DEF は，△ABC を点対称移動したもの。

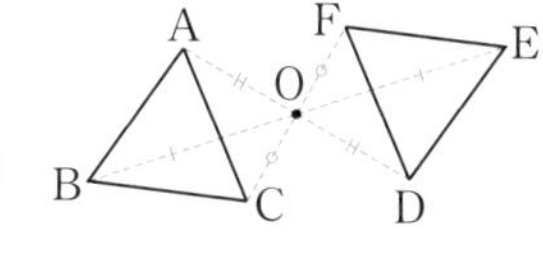

ワンポイント 右の図で，AO＝DO，BO＝EO，CO＝FO

対称移動（たいしょういどう）

図形を，1つの直線を折り目として折り返す移動。

例 右の図で，四角形 EFGH は，四角形 ABCD を直線 ℓ を折り目として対称移動したもの。

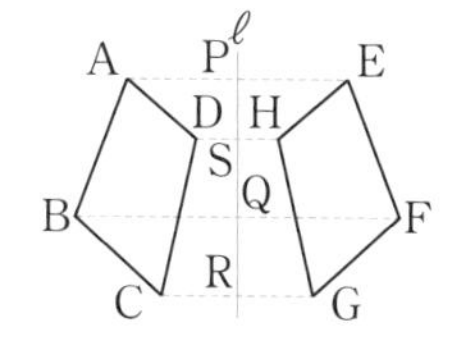

ワンポイント 右の図で，AE⊥ℓ，BF⊥ℓ，CG⊥ℓ，DH⊥ℓ，AP＝EP，BQ＝FQ，CR＝GR，DS＝HS

対称の軸（じく）

対称移動のとき，折り目とした直線。右上の図の直線 ℓ のこと。

中点

線分の両端から等距離にある線分上の点。

例 右の図で，点 M は線分 AB の中点。

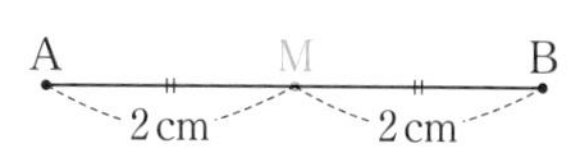

垂直二等分線 基本

線分の中点【▶ P.81】を通り，その線分と垂直に交わる直線。

◆作図のしかた◆

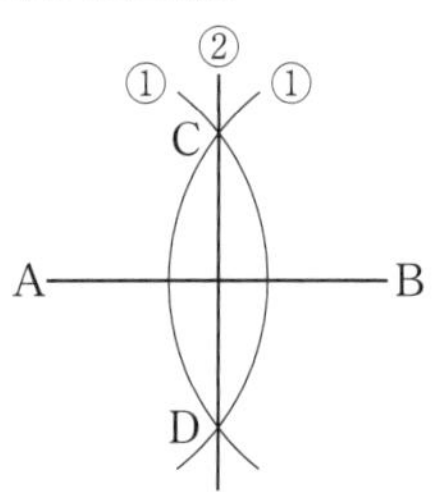

線分 AB の垂直二等分線の作図

①点 A，B をそれぞれ中心として，等しい半径の円をかく。

②①の交点を C，D として，直線 CD をひく。

角の二等分線 基本

1つの角を2等分する直線。

◆作図のしかた◆

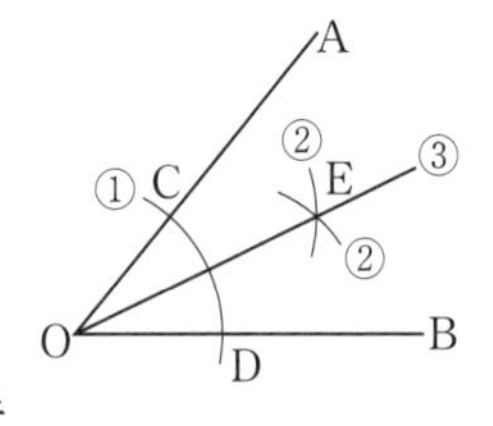

∠AOBの二等分線の作図

①点 O を中心として円をかき，半直線 OA，OB との交点を，それぞれ C，D とする。

②点 C，D をそれぞれ中心として，等しい半径の円をかく。

③②の交点の 1 つを E として，半直線 OE をひく。

弧（こ） 基本

円周上の2点 A，B を両端とする，A から B までの円周部分を，弧 AB といい，$\overset{\frown}{AB}$ と書く。

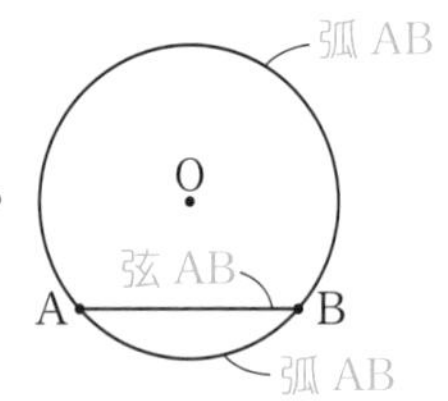

ワンポイント $\overset{\frown}{AB}$ には，長い方の弧と短い方の弧がある。

弦（げん） 基本

円周上の2点 A，B を結んだ線分を弦 AB という。

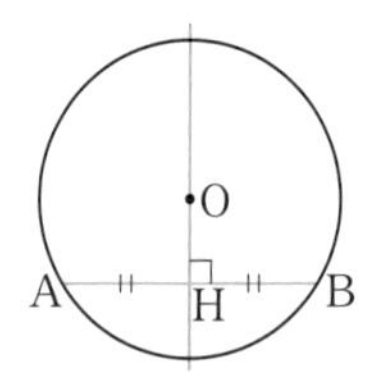

ワンポイント 円の中心を通る弦は直径であり，円の弦の垂直二等分線は，その円の中心を通る。また，右の図で，AB⊥OH，AH＝BH

中心角 基本

円周上の2点A，Bと，円の中心Oを結んでできる角∠AOBを，弧AB【▶ P.82】に対する中心角という。

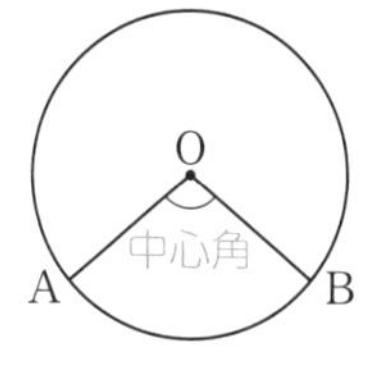

接(せっ)する

円が直線と1点だけで交わることを，直線は円に接するという。

接線(せっせん) 基本

円に接する直線を円の接線という。

◆作図のしかた◆

点Aで接する円の接線の作図

①半直線OAをひく。

②点Aを中心として円をかき，半直線OAとの交点をB，Cとする。

③2点B，Cを，それぞれ中心として，等しい半径の円をかく。

④③の交点の1つをPとして，直線APをひく。

接点(せってん) 基本

円と直線が接している点。

ワンポイント 円の接線は，接点を通る半径に垂直である。

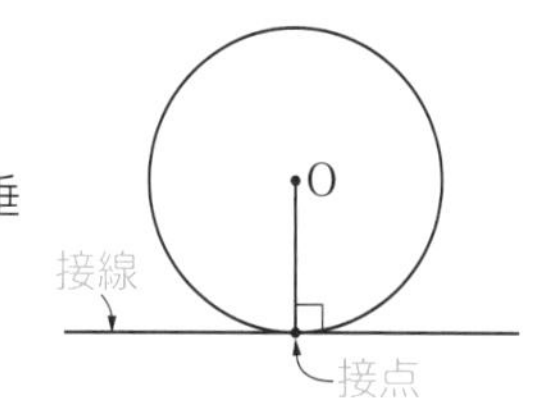

おうぎ形

弧【▶ P.82】の両端と中心を結んだ2つの半径と弧で囲まれた図形。

例 右の図は，中心角60°のおうぎ形OAB

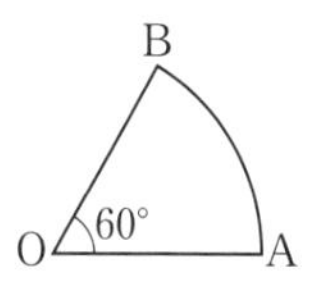

円周の長さ 1年

▼円周の長さを求める公式

公式　基本

半径 r の円の周の長さ ℓ は，

$\ell=2\pi r$　（π は円周率）

◉円の半径がわかれば，その円の周の長さを求めることができる。

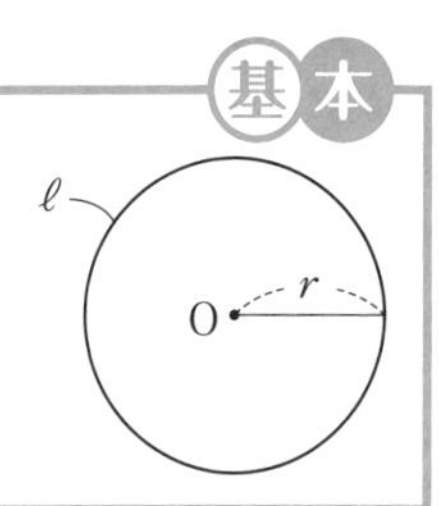

使い方 1 半径がわかっているとき

半径が 7 cm の円の周の長さを求める。

公式に $r=7$ を代入して，

$2\pi\times7=14\pi$ (cm)

使い方 2 直径がわかっているとき

直径が 12 cm の円の円周の長さを求める。

まず，半径を求めると，$12\div2=6$ (cm)

公式に $r=6$ を代入して，

$2\pi\times6=12\pi$ (cm)

使い方 3 円周の長さから半径を求める

円周の長さが 18π cm の円の半径を求める。

公式に $\ell=18\pi$ を代入すると，

$18\pi=2\pi r$

$r=9$ (cm)

円の面積 1年

▼円の面積を求める公式

公式 基本

半径 r の円の面積 S は,

$S=\pi r^2$ （π は円周率）

◉円の半径がわかれば，その円の面積を求めることができる。

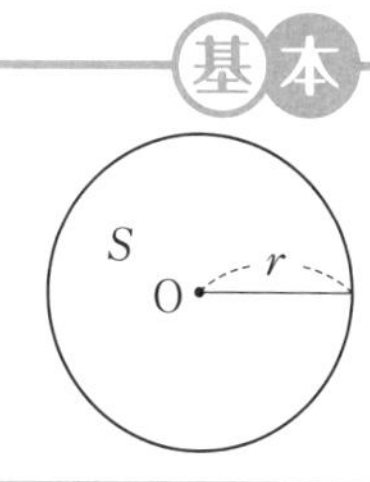

使い方 1 半径がわかっているとき

半径が 4 cm の円の面積を求める。

公式に $r=4$ を代入して,

$\pi\times4^2=16\pi\,(\mathrm{cm}^2)$

使い方 2 直径がわかっているとき

直径が 16 cm の円の面積を求める。

まず，半径を求めると，$16\div2=8\,(\mathrm{cm})$

公式に $r=8$ を代入して,

$\pi\times8^2=64\pi\,(\mathrm{cm}^2)$

Column

半径と面積の関係

半径が r の円の面積 S は，$S=\pi r^2$

半径を 2 倍にすると，面積は何倍になるかを考える。

半径を 2 倍にした円の面積は，$\pi\times(2r)^2=4\pi r^2$ であるから，もとの円の面積の $4\pi r^2\div\pi r^2=4$ (倍) になる。

半径を n 倍すると，面積は何倍になるかを求めると，半径を n 倍にした円の面積は，$\pi\times(nr)^2=\pi n^2r^2$ であるから，もとの円の面積の $\pi n^2r^2\div\pi r^2=n^2$ (倍) になる。(相似な図形の相似比と面積比についてはP.121 を参照)

おうぎ形の弧の長さ 1年

▼半径と中心角【▶ P.83】からおうぎ形の弧の長さを求める公式

公式 基本

半径 r，中心角 $a°$ のおうぎ形の弧の長さ ℓ は，

$$\ell=2\pi r\times\frac{a}{360}$$ （π は円周率）

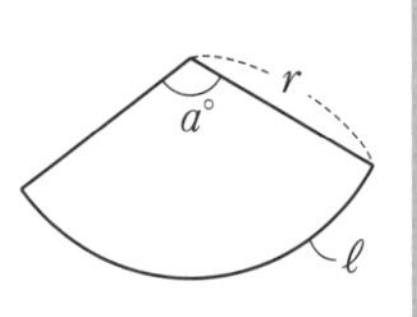

◉おうぎ形の半径と中心角がわかれば，弧の長さを求めることができる。

使い方 1 弧の長さを求める

半径が9 cm，中心角が 80° のおうぎ形の弧の長さを求める。

公式に $r=9$，$a=80$ を代入して，

$$2\pi\times9\times\frac{80}{360}=4\pi\ (\text{cm})$$

使い方 2 半径と弧の長さからおうぎ形の中心角を求める

半径が12 cm，弧の長さが 10π cm のおうぎ形の中心角を求める。

公式に $r=12$，$\ell=10\pi$ を代入すると，

$$10\pi=2\pi\times12\times\frac{a}{360}$$

これを解くと，$a=150$

よって中心角は 150°

ワンポイント

公式を使わずに，比例式【▶ P.27】を使って求めることもできる。

半径 12 cm の円の円周の長さは，$2\pi\times12=24\pi$ (cm)

おうぎ形の中心角を $x°$ とすると，

$$10\pi:24\pi=x:360$$
$$24\pi\times x=10\pi\times360$$
$$x=150$$

よって，中心角は 150°

おうぎ形の面積 1年

▼半径と中心角，弧の長さからおうぎ形の面積を求める公式

公式 基本

半径 r，中心角 $a°$ のおうぎ形の面積 S は，

$$S=\pi r^2\times\frac{a}{360}$$ （π は円周率）

半径 r，弧の長さ ℓ のおうぎ形の面積 S は，

$$S=\frac{1}{2}\ell r$$

●おうぎ形の半径と中心角または弧の長さがわかれば，面積を求めることができる。

使い方 1 半径と中心角がわかっているとき

半径が8 cm，中心角が135° のおうぎ形の面積を求める。

公式 $S=\pi r^2\times\frac{a}{360}$ に $r=8$，$a=135$ を代入して，

$$\pi\times 8^2\times\frac{135}{360}=24\pi\,(\mathrm{cm}^2)$$

使い方 2 半径と弧の長さがわかっているとき

半径が5 cm，弧の長さが 4π cm のおうぎ形の面積を求める。

公式 $S=\frac{1}{2}\ell r$ に $\ell=4\pi$，$r=5$ を代入して，

$$\frac{1}{2}\times 4\pi\times 5=10\pi\,(\mathrm{cm}^2)$$

使い方 3 半径と面積から弧の長さを求める

半径が6 cm，面積が 15π cm² のおうぎ形の弧の長さを求める。

公式 $S=\frac{1}{2}\ell r$ に $S=15\pi$，$r=6$ を代入すると，

$$15\pi=\frac{1}{2}\times\ell\times 6$$

これを解くと，$\ell=5\pi$ (cm)

図形編

空間図形

立体・いろいろな立体・立体の表面積・体積 1年

角柱 基本

2つの底面が平行で，その形が合同【▶ P.104】な多角形である立体。

ワンポイント 角柱の側面は長方形か正方形である。

角錐（かくすい） 基本

下の図のような，底面が多角形で，一方の先がとがった立体。

◉底面が三角形，四角形，…のものをそれぞれ，三角錐，四角錐，…という。

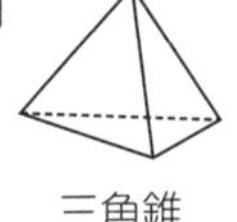

三角錐

四角錐

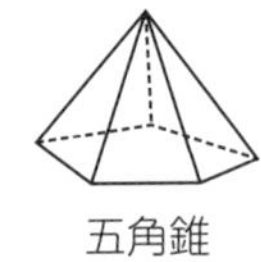

五角錐

六角錐

ワンポイント 角錐の側面は三角形である。

円柱 基本

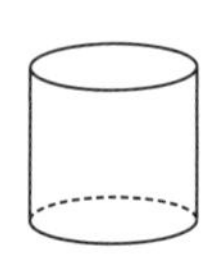

2つの底面が平行で，その形が合同【▶ P.104】な円である立体。

ワンポイント 円柱の側面は曲面である。

円錐（えんすい） 基本

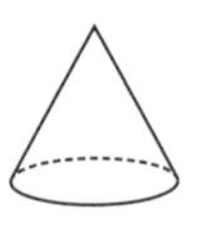

右の図のような，底面が円で，一方の先がとがった立体。

ワンポイント 円錐の側面は曲面である。

頂点 基本

角錐や円錐で，とがった先の点。

底面 基本

角柱や円柱では，上下の向かい合う2つの面，角錐や円錐では，底になっている面。

例 右の角錐の底面は三角形，円錐の底面は円。

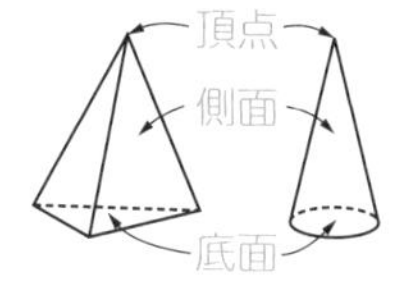

側面 基本

角柱，角錐，円柱，円錐で，まわりを囲んでいる底面以外の面。

ワンポイント 角錐の中で，底面が正三角形，正方形，…で，側面がすべて合同な二等辺三角形であるものを，正三角錐，正四角錐，…という。

多面体 基本

いくつかの平面だけで囲まれた立体。囲まれている面が4つのものは四面体，5つのものは五面体のように，面の数によって○面体という。

例 三角柱は五面体，三角錐は四面体

注意⚠ 円柱，円錐は，側面が曲面であるから，多面体ではない。

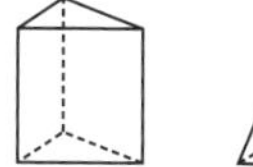
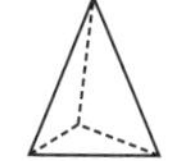

正多面体 基本

すべての面が合同【▶ P.104】な正多角形であり，どの頂点にも面が同じ数だけ集まっている多面体のうち，へこみのないもの。

◉正多面体は，正四面体，正六面体，正八面体，正十二面体，正二十面体の5種類だけである。

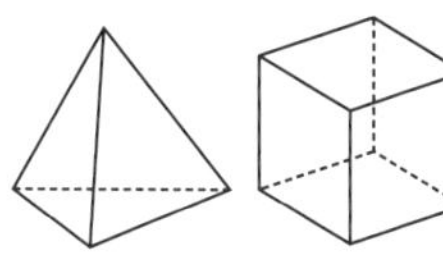
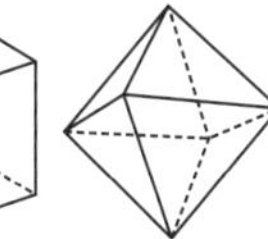
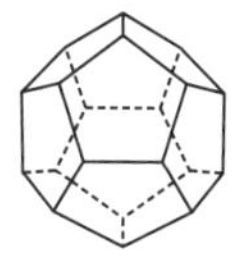

正四面体　正六面体　正八面体　正十二面体　正二十面体

> **Column**
>
> **多面体の頂点，辺，面の数の関係**
>
> 一般に，多面体の頂点の数，辺の数，面の数には，
>
> (頂点の数)−(辺の数)+(面の数)=2 の関係がある。

ねじれの位置 基本

空間内の，平行でなく交わらない2直線の位置関係。

例 右の図の直方体で，辺 AB とねじれの位置にある辺は，辺 CG，DH，EH，FG

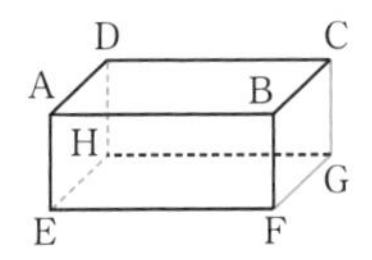

ワンポイント 空間内の 2 直線の位置関係

2 直線が同じ平面上にある　　2 直線が同じ平面上にない

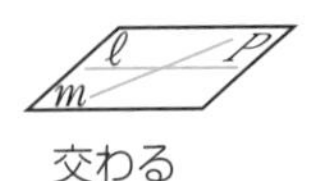

交わる

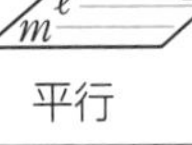

平行

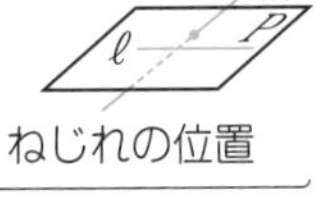

ねじれの位置

交わらない

平行（直線と平面） 基本

直線と平面が交わらないとき，その直線と平面は平行であるという。

例 右の図の直方体で，辺 AB と平行な面は，面 EFGH，面 DHGC

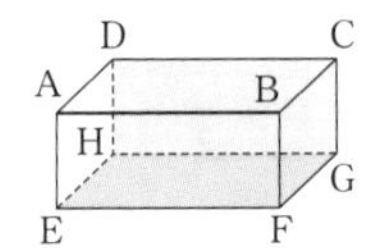

ワンポイント 直線と平面の位置関係

直線 ℓ が平面上にある　　交わる

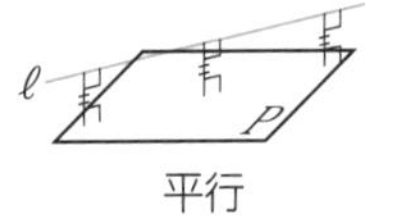

平行

垂直（直線と平面） 基本

直線 ℓ が，平面 P との交点 A を通る平面 P 上のすべての直線と垂直【▶ P.79】に交わるとき，直線 ℓ と平面 P は垂直であるという。

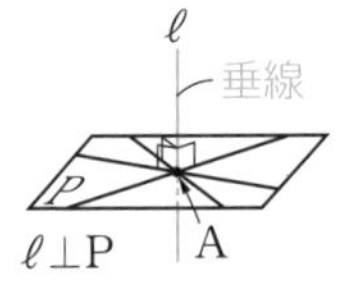

垂線（直線と平面） 基本

直線 ℓ と平面 P が垂直のとき，直線 ℓ は平面 P の垂線という。

点と平面との距離（きょり） 基本

点Aから平面Pにひいた垂線【▶ P.90】と，平面Pとの交点をHとすると，線分AHの長さを点Aと平面Pとの距離という。

図1

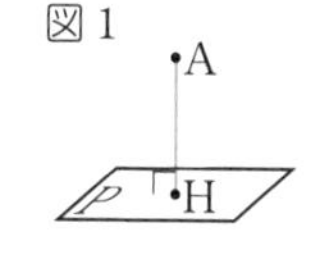

例 図2の直方体で，点Aと平面EFGHとの距離は，辺AEの長さと等しいから，5 cm

図2

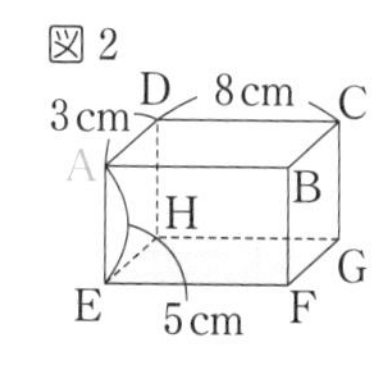

ワンポイント 角柱や円柱では，一方の底面上の点と，他方の底面との距離が，その角柱や円柱の高さである。角錐や円錐では，頂点と底面との距離が，その角錐や円錐の高さである。

図3

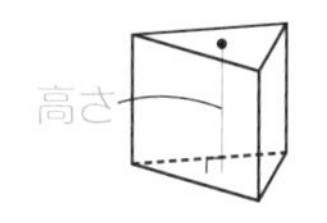

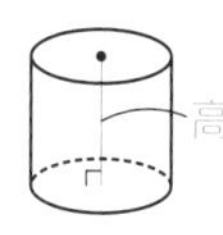
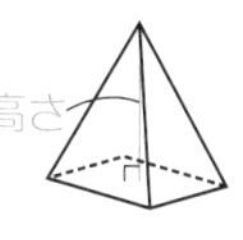

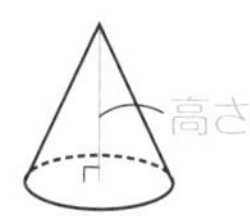

平行（平面と平面） 基本

空間内で，交わらない2平面の位置関係を平行という。

例 図4の直方体で，面ABCDと平行な面は，面EFGHである。

図4

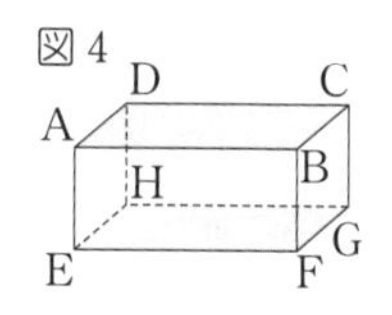

垂直（平面と平面） 基本

2平面P，Qが交わっていて，$\ell \perp$Pとなる直線を平面Qがふくんでいるとき，平面Pと平面Qは垂直であるという。

図5

例 図4の直方体で，面ADHE⊥AB。面AEFBは垂線ABをふくんでいるので面ADHEと面AEFBは垂直である。

ワンポイント 2平面P，Qの位置関係

図6

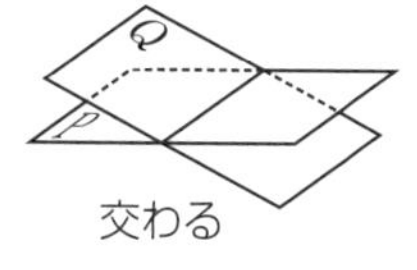

交わる

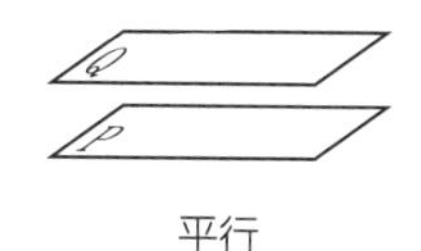

平行

回転体（かいてんたい） 基本

平面図形を，1つの直線のまわりに1回転させてできる立体。

例

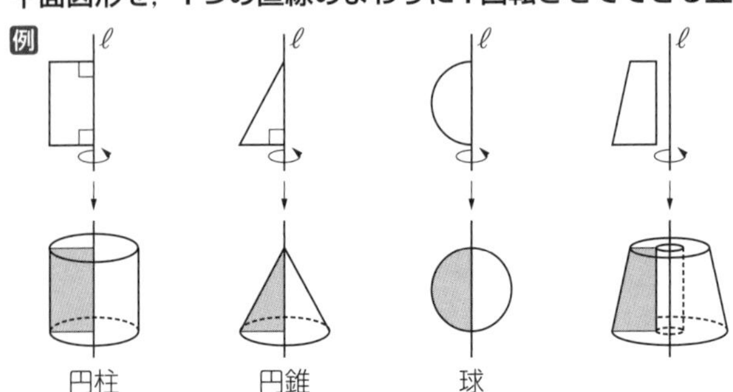

回転の軸（じく） 基本

回転体をつくるとき，軸として使った直線。

例 上の図の直線 ℓ

ワンポイント 円柱，円錐，球を，回転の軸をふくむ平面で切ったときの切り口と，回転の軸に垂直【▶ P.90】な平面で切ったときの切り口は，下の表のようになる。

	回転の軸をふくむ平面で切る	回転の軸に垂直な平面で切る
円柱	長方形	円
円錐	二等辺三角形または正三角形	円
球	円	円

母線（ぼせん） 基本

下の 例 のように，長方形や三角形を回転させたとき，円柱や円錐の側面をえがく線分。

例

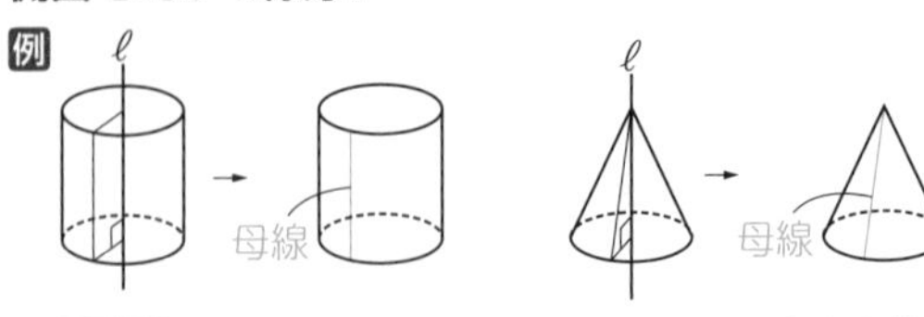

ワンポイント 円柱の母線の長さは，立体の高さと等しくなる。

投影図(とうえいず) 基本

立体を平面に表す方法の1つで，立体を真正面から見た図(立面図)と，立体を真上から見た図(平面図)を組にして表した図。

例 右の図は，三角柱の投影図。

ワンポイント 投影図では，見える辺は実線——，見えない辺は破線------で表す。

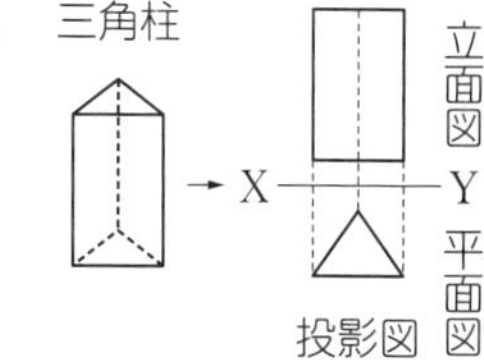

立面図 基本

投影図で，真正面から見た形を表した図。

平面図 基本

投影図で，真上から見た形を表した図。

底面積 基本

立体の1つの底面の面積。

例 右の図の三角柱の底面積は，$\frac{1}{2}\times 3\times 4=6\,(\mathrm{cm}^2)$

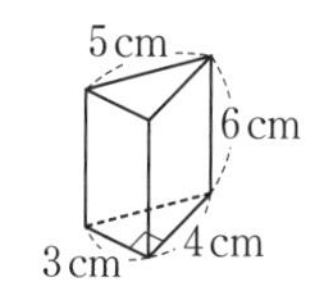

側面積 基本

立体の側面【▶ P.89】全体の面積。

例 右上の図の三角柱の側面積は，$6\times(3+4+5)=72\,(\mathrm{cm}^2)$

表面積 基本

立体の表面全体の面積。

例 右上の図の三角柱の表面積は，底面積が $6\,\mathrm{cm}^2$，側面積が $72\,\mathrm{cm}^2$ より，$6\times 2+72=84\,(\mathrm{cm}^2)$

ワンポイント 角柱・円柱の表面積＝底面積×2＋側面積
角錐・円錐の表面積＝底面積＋側面積
球は，底面積や側面積を求めることができないため，P.99 の公式を使って，表面積を求める。

角柱・円柱の体積 1年

▼三角柱や四角柱などの角柱や円柱の体積を求める公式

公式

底面積 S，高さ h の角柱・円柱の体積 V は，

$V=Sh$

底面の円の半径 r，高さ h の円柱の体積 V は，

$V=\pi r^2 h$ （π は円周率）

◉角柱や円柱で，底面積【▶ P.93】と高さがわかれば，体積を求めることができる。

使い方 1 角柱の体積

右の図のような，三角柱の体積を求める。

10 cm
10 cm
8 cm
6 cm

底面は直角をはさむ辺の長さが 8 cm と 6 cm の直角三角形であるから，底面積は，

$\frac{1}{2}\times 8\times 6=24\,(\mathrm{cm}^2)$

底面積 S を 24，高さ h を 10 として，公式 $V=Sh$ を使うと，

$V=24\times 10=240\,(\mathrm{cm}^3)$

使い方 2 円柱の体積

右の図のような，円柱の体積を求める。

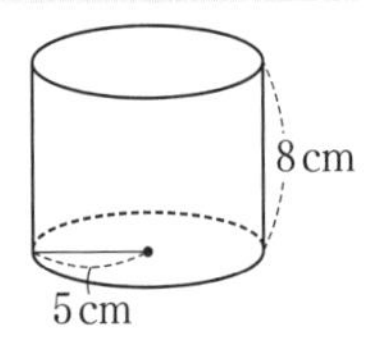

半径 r を 5，高さ h を 8 として，$V=\pi r^2 h$ を使うと，

$V=\pi\times 5^2\times 8=200\pi\,(\mathrm{cm}^3)$

ワンポイント

先に底面積を求めて，$V=Sh$ の公式を使うと，底面積は $\pi\times 5^2=25\pi\,(\mathrm{cm}^2)$ であるから，底面積 S を 25π，高さ h を 8 として，

$V=25\pi\times 8=200\pi\,(\mathrm{cm}^3)$

使い方 3 円柱の底面の円の直径がわかっているとき

右の図のような，円柱の体積を求める。

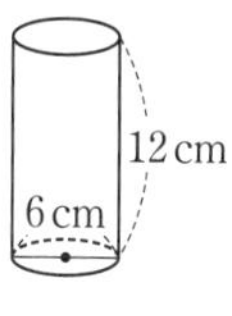

底面の円の直径が 6 cm なので，半径は，$6\div2=3$(cm)
半径 r を 3，高さ h を 12 として，公式 $V=\pi r^2h$ を使うと，$V=\pi\times3^2\times12=108\pi$ (cm^3)

使い方 4 底面が半円の柱体の体積

右の図のような，立体の体積を求める。

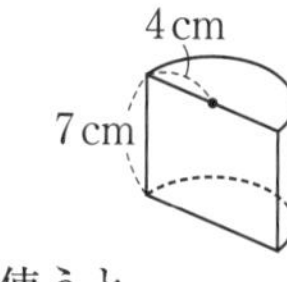

底面は，半径が 4 cm の半円であるから，底面積は，

$\pi\times4^2\times\frac{1}{2}=8\pi$ (cm^2)

底面積 S を 8π，高さ h を 7 として，公式 $V=Sh$ を使うと，

$V=8\pi\times7=56\pi$ (cm^3)

ワンポイント

底面が半円の柱体は，円柱の半分と考えて求めてもよい。底面の円の半径が 4 cm，高さが 7 cm の円柱の体積は，半径 r を 4，高さ h を 7 として，公式 $V=\pi r^2h$ を使うと，

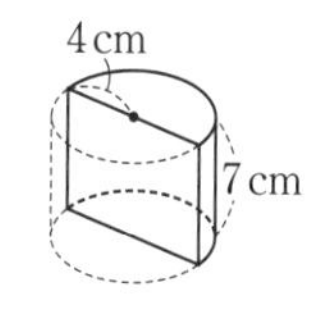

$V=\pi\times4^2\times7=112\pi$ (cm^3)

求める立体の体積は，V の半分であるから，

$112\pi\times\frac{1}{2}=56\pi$ (cm^3)

Column

円柱の高さ・底面の円の半径と体積の関係

右の図の円柱の体積は，πr^2h

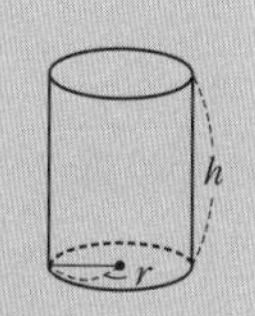

高さを 2 倍にすると，体積は，$\pi\times r^2\times2h=2\pi r^2h$ であるから，もとの円柱の体積の，$2\pi r^2h\div\pi r^2h=2$ (倍)

底面の円の半径を 2 倍にすると，体積は，

$\pi\times(2r)^2\times h=4\pi r^2h$ であるから，もとの円柱の体積の $4\pi r^2h\div\pi r^2h=4$ (倍) になる。

1年 2年 3年 さくいん

角錐・円錐の体積 1年

▼三角錐や四角錐などの角錐や円錐の体積を求める公式

公式

底面積 S，高さ h の角錐・円錐の体積 V は，

$$V=\frac{1}{3}Sh$$

底面の円の半径 r，高さ h の円錐の体積 V は，

$$V=\frac{1}{3}\pi r^2 h \quad (\pi \text{ は円周率})$$

◉角錐や円錐の底面積【▶ P.93】と高さがわかれば，体積を求めることができる。

使い方 1 角錐の体積

右の図のような，正四角錐の体積を求める。

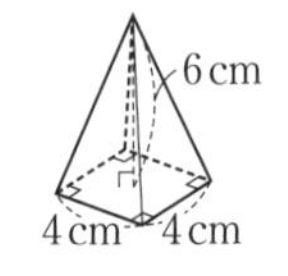

底面は 1 辺が 4 cm の正方形であるから，底面積は，

$4\times4=16\,(\mathrm{cm}^2)$

底面積 S を 16，高さ h を 6 として，公式 $V=\frac{1}{3}Sh$

を使うと，$V=\frac{1}{3}\times16\times6=32\,(\mathrm{cm}^3)$

使い方 2 円錐の体積

右の図のような，円錐の体積を求める。

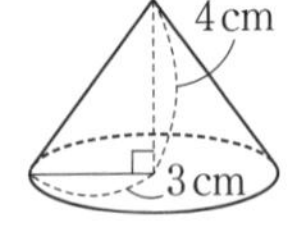

半径 r を 3，高さ h を 4 として，公式 $V=\frac{1}{3}\pi r^2 h$ を

使うと，$V=\frac{1}{3}\pi\times3^2\times4=12\pi\,(\mathrm{cm}^3)$

ワンポイント

先に底面積を求めて，$V=\frac{1}{3}Sh$ の公式を使うと，底面積は，

$\pi\times3^2=9\pi\,(\mathrm{cm}^2)$ であるから，底面積 S を 9π，高さ h を 4 として

$V=\frac{1}{3}\times9\pi\times4=12\pi\,(\mathrm{cm}^3)$

使い方 3 円錐の底面の円の直径がわかっているとき

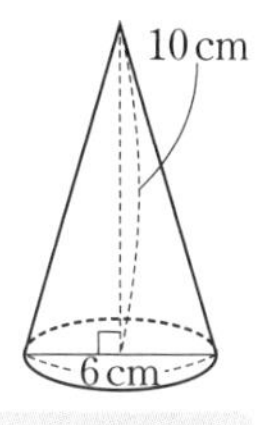

右の図のような，円錐の体積を求める。

底面の円の直径が 6 cm なので，半径は，$6 \div 2 = 3$ (cm)

半径 r を 3，高さ h を 10 として，公式 $V = \frac{1}{3}\pi r^2 h$

を使うと，$V = \frac{1}{3}\pi \times 3^2 \times 10 = 30\pi$ (cm^3)

使い方 4 図形を回転させてできる立体の体積

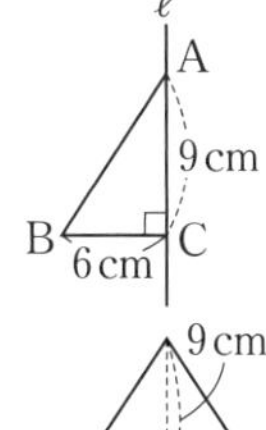

右の図のような直角三角形 ABC を直線 ℓ のまわりに 1 回転させてできる立体の体積を求める。

直角三角形 ABC を直線 ℓ のまわりに 1 回転させると，底面の円の半径が 6 cm，高さが 9 cm の円錐ができる。

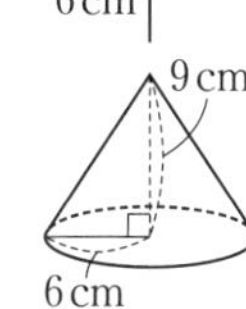

半径 r を 6，高さ h を 9 として，公式 $V = \frac{1}{3}\pi r^2 h$ を

使うと，$V = \frac{1}{3}\pi \times 6^2 \times 9 = 108\pi$ (cm^3)

使い方 5 円錐から円錐を取り除いた立体の体積

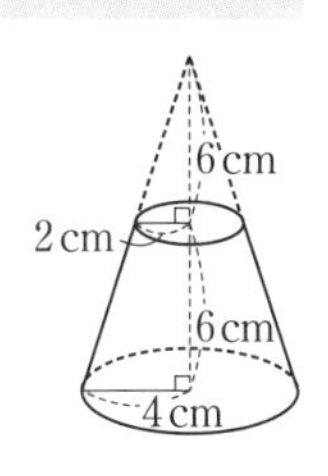

右の図のような立体の体積を求める。

右の図の立体の体積は，底面の円の半径が 4 cm，高さが (6+6) cm の円錐の体積 V_1 から，底面の円の半径が 2 cm，高さが 6 cm の円錐の体積 V_2 をひく。半径 r を 4，高さ h を 12，V_1 を V と考えて，

公式を使うと，$V_1 = \frac{1}{3}\pi \times 4^2 \times 12 = 64\pi$ (cm^3)

半径 r を 2，高さ h を 6，V_2 を V として公式を使うと，

$V_2 = \frac{1}{3}\pi \times 2^2 \times 6 = 8\pi$ (cm^3)

求める体積は，$V_1 - V_2 = 64\pi - 8\pi = 56\pi$ (cm^3)

ワンポイント

右上のような立体のことを，円錐台という。右の図の台形 ABCD を直線 ℓ のまわりに 1 回転させるとできる立体である。

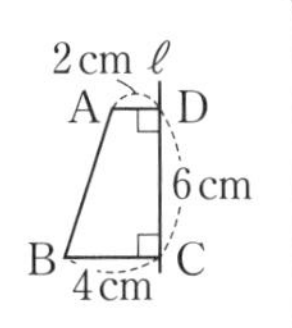

球の体積 1年

▼球の体積を求める公式

公式 基本

半径 r の球の体積 V は,

$$V=\frac{4}{3}\pi r^3$$ （π は円周率）

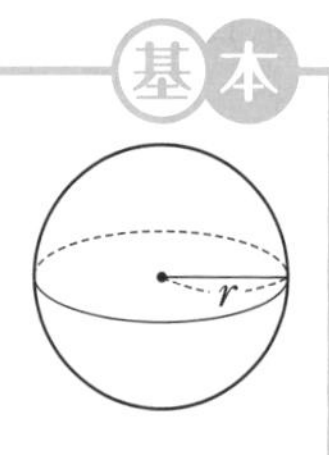

◉球の半径がわかれば，その球の体積を求めることができる。

使い方 1 球の体積

右の図のような，球の体積を求める。

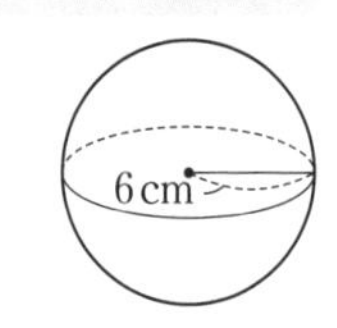

半径 r を 6 として，公式 $V=\frac{4}{3}\pi r^3$ を使うと，

$$V=\frac{4}{3}\pi\times 6^3=288\pi\,(\mathrm{cm}^3)$$

使い方 2 球の直径がわかっているとき

直径が 10 cm の球の体積を求める。

球の半径は $10\div 2=5\,(\mathrm{cm})$ であるから，半径 r を 5 として，

公式 $V=\frac{4}{3}\pi r^3$ を使うと，

$$V=\frac{4}{3}\pi\times 5^3=\frac{500}{3}\pi\,(\mathrm{cm}^3)$$

使い方 3 半球の体積

右の図のような，半球の体積を求める。

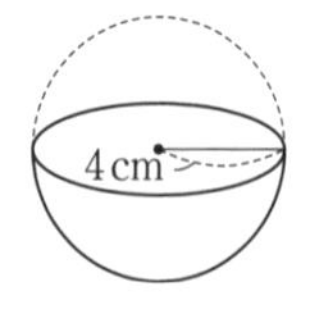

求める半球の体積は，半径が 4 cm の球の体積の半分であるから，半径 r を 4 として，公式 $V=\frac{4}{3}\pi r^3$ にあてはめたものに $\frac{1}{2}$ をかけると，

$$V=\frac{4}{3}\pi\times 4^3\times\frac{1}{2}=\frac{128}{3}\pi\,(\mathrm{cm}^3)$$

球の表面積 1年

▼球の表面積を求める公式

公式 基本

半径 r の球の表面積 S は，

$S=4\pi r^2$　（π は円周率）

◉球の半径がわかれば，その球の表面積を求めることができる。

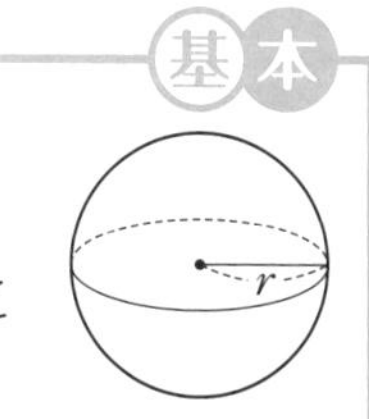

使い方 1 球の表面積

右の図のような，球の表面積を求める。

半径 r を 3 として，公式 $S=4\pi r^2$ を使うと，

$S=4\pi\times3^2=36\pi\,(\text{cm}^2)$

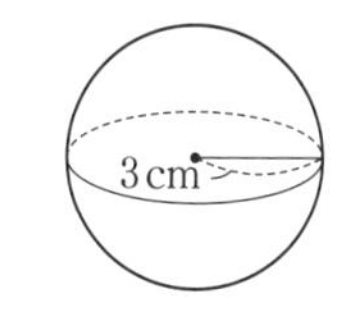

使い方 2 球の直径がわかっているとき

直径が 18 cm の球の表面積を求める。

球の半径は，$18\div2=9\,(\text{cm})$ であるから，半径 r を 9 として，

公式 $S=4\pi r^2$ を使うと，$S=4\pi\times9^2=324\pi\,(\text{cm}^2)$

使い方 3 半球の表面積

右の図のような，半球の表面積を求める。

半球の曲面の部分の面積 S_1 は，半径が 8 cm の球の表面積の半分であるから，半径 r を 8 として，公式 $S=4\pi r^2$ にあてはめたものに $\frac{1}{2}$ をかけると，

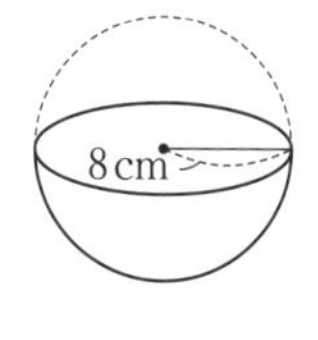

$S_1=4\pi\times8^2\times\frac{1}{2}=128\pi\,(\text{cm}^2)$

切り口の円の面積 S_2 は，$S_2=\pi\times8^2=64\pi\,(\text{cm}^2)$

求める表面積は，$S_1+S_2=128\pi+64\pi=192\pi\,(\text{cm}^2)$

注意⚠

切り口の円の面積をたすことを忘れないようにすること。

円錐の側面積 1年

▼円錐の側面積を母線【▶ P.92】の長さと底面の円の半径から求める公式

【▶ P.92】

公式

母線の長さ R，底面の円の半径 r の円錐の側面積 S は，

$S=\pi rR$ （π は円周率）

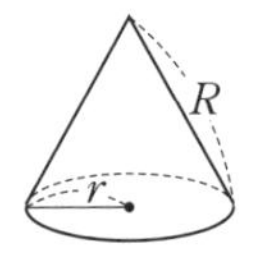

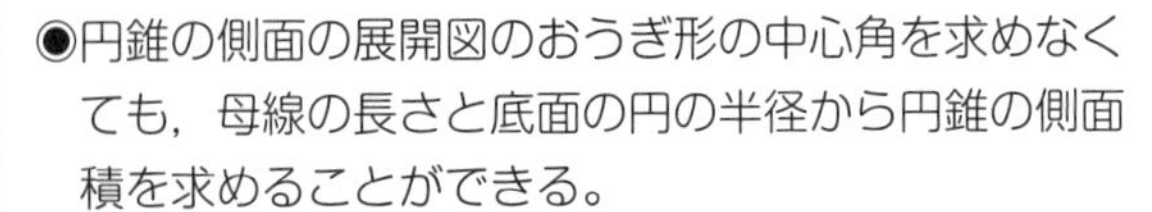

●円錐の側面の展開図のおうぎ形の中心角を求めなくても，母線の長さと底面の円の半径から円錐の側面積を求めることができる。

使い方 1 円錐の側面積

右の図のような，円錐の側面積を求める。

母線の長さ R を 9，底面の円の半径 r を 4 として，

公式 $S=\pi rR$ を使うと，$S=\pi\times4\times9=36\pi\,(\text{cm}^2)$

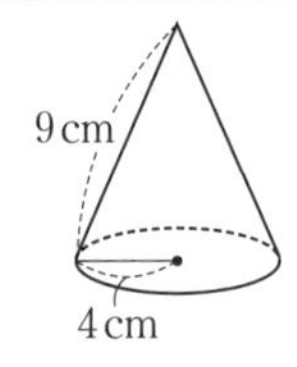

ワンポイント

展開図から円錐の側面積を求めると，次のようになる。

側面の展開図のおうぎ形の中心角を $x°$ とすると，

$$2\pi\times9\times\frac{x}{360}=2\pi\times4,\quad x=160$$

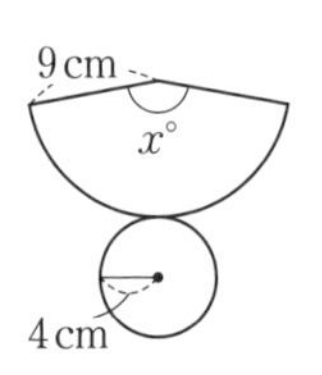

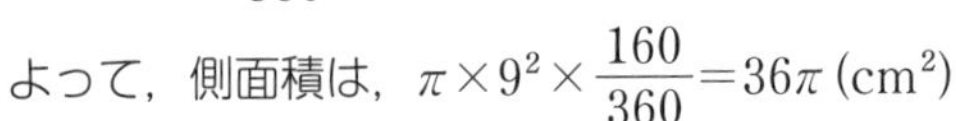

よって，側面積は，$\pi\times9^2\times\dfrac{160}{360}=36\pi\,(\text{cm}^2)$

中心角は，比例式を使って，

$(2\pi\times4):(2\pi\times9)=x:360,\quad x=160$

のように求めることもできる。

Column

$S=\pi rR$ の公式は，おうぎ形の面積の公式【▶ P.87】から導ける。

展開図のおうぎ形の弧の長さは底面の円周 $2\pi r$，半径は母線の長さ R と等しいから，$S=\dfrac{1}{2}\times2\pi r\times R=\pi rR$

図形の性質と合同

平行線と角・合同 2年

対頂角(たいちょうかく) 基本

2つの直線が交わってできた角のうち，向かい合った角。

例 図1で，$\angle a$ と $\angle c$，$\angle b$ と $\angle d$ は対頂角である。

図1

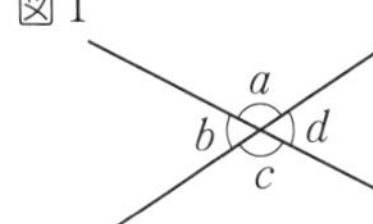

ワンポイント 対頂角は等しいので，

$\angle a=\angle c$，$\angle b=\angle d$ である。

同位角(どういかく) 基本

図2のように，2つの直線 ℓ，m が1つの直線 n と交わっているとき，$\angle a$ と $\angle e$，$\angle b$ と $\angle f$，$\angle c$ と $\angle g$，$\angle d$ と $\angle h$ のような位置関係にある角。

図2

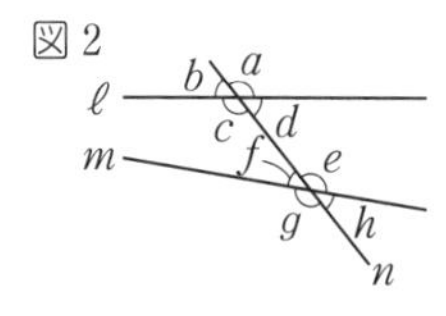

ワンポイント $\ell /\!/ m$ ならば同位角の大きさは等しい。

錯角(さっかく) 基本

図2のように，2つの直線 ℓ，m が1つの直線 n と交わっているとき，$\angle c$ と $\angle e$，$\angle d$ と $\angle f$ のような位置関係にある角。

ワンポイント $\ell /\!/ m$ ならば錯角の大きさは等しい。

平行線の性質 基本

平行な2つの直線に1つの直線が交わっているとき，次のことが成り立つ。

図3

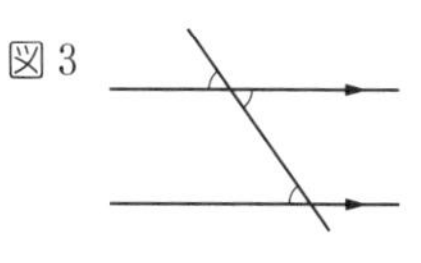

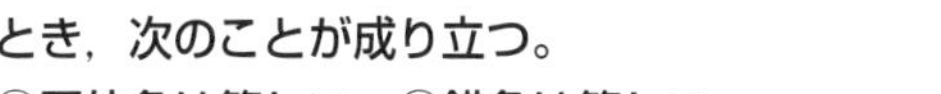

①同位角は等しい　②錯角は等しい

また，右の図4のように，2つの直線 ℓ，m があり，直線 ℓ 上に2点A，B，直線 m 上に2点C，Dがあるとき，

$\ell /\!/ m$ ならば $\triangle ACD=\triangle BCD$

なお，$\triangle ACD=\triangle BCD$ ならば $\ell /\!/ m$ が成り立つ。

図4

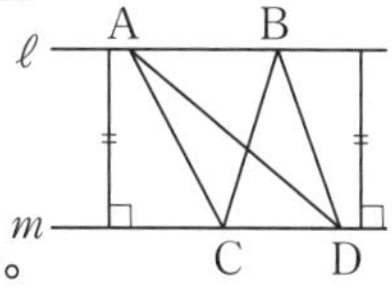

A B ℓ m C D

平行線になる条件 基本

2つの直線が1つの直線と交わっているとき，

①同位角【▶ P.101】が等しければ，この2つの直線は平行である。

②錯角【▶ P.101】が等しければ，この2つの直線は平行である。

外角(がいかく) 基本

多角形の1つの辺とそのとなりの辺を延長した直線とでできる角。

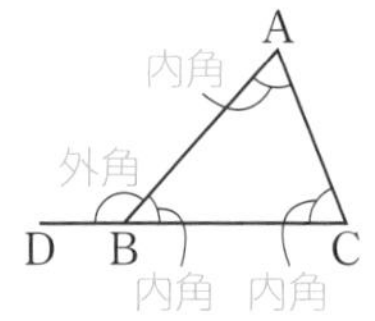

例 右の図の ∠ABD

ワンポイント 多角形の外角の和は 360°（column 参照)。また，三角形の1つの外角は，そのとなりにない2つの内角の和に等しい。

例 右上の △ABC で，∠ABD＝∠BAC＋∠ACB

内角(ないかく) 基本

多角形の内側の角。

例 右上の △ABC では，内角は ∠BAC，∠ABC，∠ACB

ワンポイント 三角形の3つの内角の和は 180°

Column

n 角形の外角の和

右の図の六角形 ABCDEF で考える。
一直線の角は 180° であるから，各頂点での内角と外角の和は 180° である。
よって，6つの内角と6つの外角の和は，

$180°\times6=1080°$

六角形の内角の和は，$180°\times(6-2)=720°$ であるから，
六角形の外角の和は，$1080°-720°=360°$

同様にして，n 角形の外角の和を求めると，

$180°\times n-180°\times(n-2)=180°\times n-180°\times n-180°\times(-2)=360°$

（$180°\times n$：n 個の内角と n 個の外角の和　$180°\times(n-2)$：n 角形の内角の和）

鋭角（えいかく） 基本

0° より大きく 90° より小さい角。

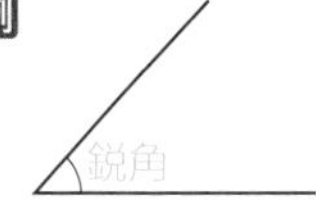

鈍角（どんかく） 基本

90° より大きく 180° より小さい角。

例

鋭角三角形 基本

3つの内角すべてが鋭角である三角形。

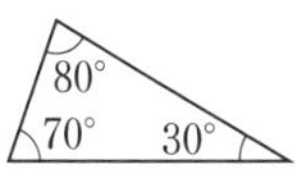

直角三角形 基本

1つの内角が直角 (90°) である三角形。

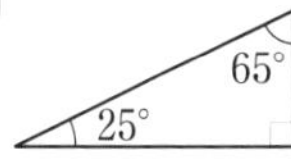

鈍角三角形 基本

1つの内角が鈍角である三角形。

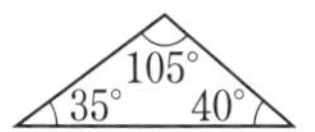

合同 基本

2つの図形があり，一方の図形が他方の図形とぴったり重なるとき，この2つの図形は合同であるという。

2つの図形が合同であることは，記号≡を使って表す。

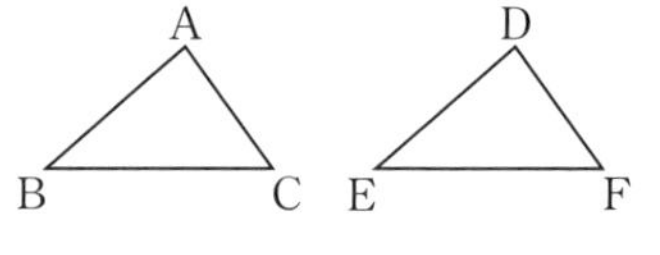

例 △ABC と △DEF が合同であることを，記号≡を使って表すと，

△ABC≡△DEF

このとき，

AB＝DE，BC＝EF，CA＝FD

∠A＝∠D，∠B＝∠E，∠C＝∠F

ワンポイント 合同な図形の性質

①合同な図形では，対応する線分の長さは，それぞれ等しい。

②合同な図形では，対応する角の大きさは，それぞれ等しい。

三角形の合同条件 基本

2つの三角形は，次のいずれかが成り立つとき合同である。

①3組の辺がそれぞれ等しい。

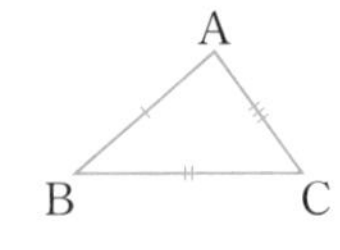

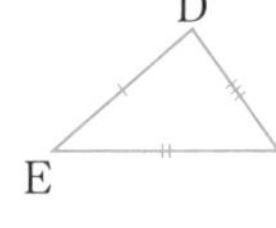

AB＝DE
BC＝EF
CA＝FD

②2組の辺とその間の角がそれぞれ等しい。

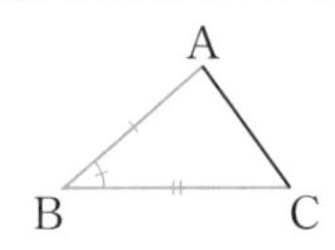

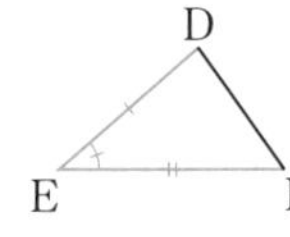

AB＝DE
BC＝EF
∠B＝∠E

③1組の辺とその両端の角がそれぞれ等しい。

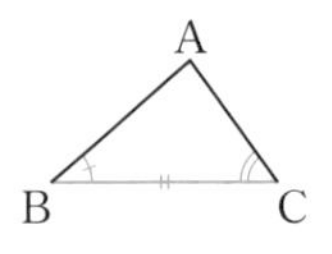

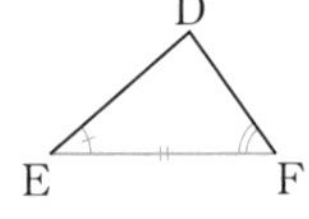

BC＝EF
∠B＝∠E
∠C＝∠F

斜辺（しゃへん） 基本

直角三角形において，直角に対する辺。

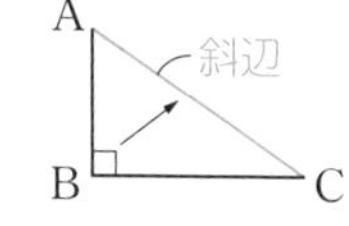

例 右の図で，辺 AC が斜辺である。

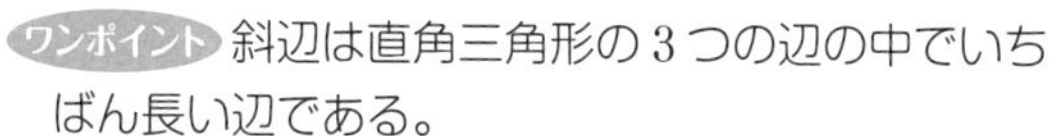

ワンポイント 斜辺は直角三角形の 3 つの辺の中でいちばん長い辺である。

直角三角形の合同条件

2つの直角三角形は，次のいずれかが成り立つとき合同である。

①斜辺と1つの鋭角がそれぞれ等しい。

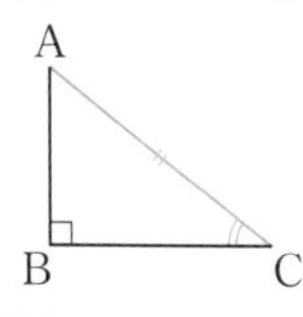

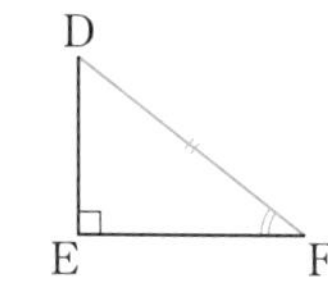

∠B＝∠E＝90°
AC＝DF (斜辺)
∠C＝∠F (1 つの鋭角)

②斜辺と他の1辺がそれぞれ等しい。

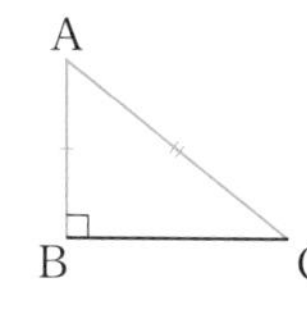

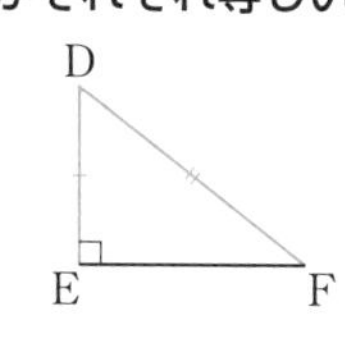

∠B＝∠E＝90°
AC＝DF (斜辺)
AB＝DE (他の 1 辺)

注意⚠ 2 つの直角三角形の合同を示すとき，必ずしも，直角三角形の合同条件を使うとは限らない。

右の図で，

∠B＝∠E＝90°
AB＝DE
BC＝EF

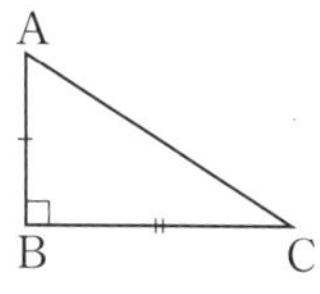

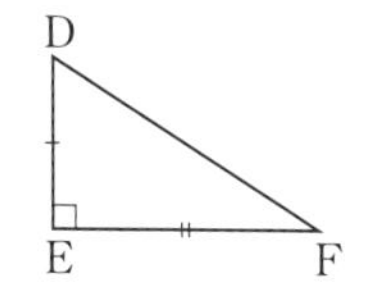

のとき，△ABC≡△DEF である。

仮定では，斜辺 AC と DF が等しいことはわからないので，直角三角形の合同条件は使えない。

このとき使った合同条件は，

2 組の辺とその間の角がそれぞれ等しい

である。

証明（しょうめい） 基本

あることがらが成り立つことを，すじ道を立てて明らかにすること。

ワンポイント 図形の証明では，証明の根拠（こんきょ）として，次のものがよく使われる。

・三角形の合同条件
・直角三角形の合同条件
・合同な図形の性質
・平行四辺形になるための条件
・対頂角の性質
・平行線の性質
・平行線になる条件
・三角形の内角と外角の性質

など。

また，図形の証明の他に整数に関する証明では，ある数 x が n の倍数であることを証明する根拠として，$x=n\times$(整数) となることや，ある数 y が偶数であることを証明する根拠として，
$y=2\times$(整数) となることなども使われることがある。

例 $5x+10$(ただし，x は整数)は，$5(x+2)$ の形に変形することができ，$x+2$ は整数なので，$5x+10$ は 5 の倍数である。

仮定（かてい） 基本

「△△△ならば，○○○」の形で表されることがらで，△△△の部分。

例「$a>0$，$b>0$ ならば，$ab>0$」ということがらでは，
仮定…$a>0$，$b>0$

結論（けつろん） 基本

「△△△ならば，○○○」の形で表されることがらで，○○○の部分。

例「$a>0$，$b>0$ ならば，$ab>0$」ということがらでは，
結論…$ab>0$

n 角形の内角の和を求める公式 2年

▼四角形や五角形などの n 角形の内角の和を求める公式

公式

n 角形の内角の和 $N°$ は,

$$N° = 180° \times (n-2)$$

◉ n 角形の内角の和を求めたり，内角の和から，その図形が何角形であるかを求めることができる。

※ここで n 角形というときは，右の図のようなへこみのある図形は考えないものとする。

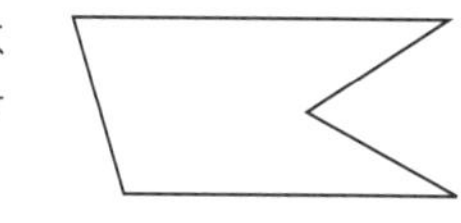

使い方 1 n 角形の内角の和を求める

右の図のような，五角形の内角の和を求める。

公式に $n=5$ を代入すると,

$$\begin{aligned}180° \times (n-2) &= 180° \times (5-2)\\ &= 180° \times 3\\ &= 540°\end{aligned}$$

使い方 2 内角の和から何角形かを求める

内角の和が 1080° である多角形が何角形かを求める。

内角の和が 1080° である多角形を n 角形とすると公式より,

$$180° \times (n-2) = 1080°$$

が成り立つ。この方程式を解くと

$$\begin{aligned}180(n-2) &= 1080\\ n-2 &= 6\\ n &= 8\end{aligned}$$

以上より，内角の和が 1080° である多角形は，八角形となる。

使い方 3 正 n 角形の1つの内角の大きさを求める

正十二角形の1つの内角の大きさを求める。

公式に $n=12$ を代入すると，

$$180^\circ\times(12-2)=180^\circ\times10$$
$$=1800^\circ$$

正多角形は内角の大きさがすべて等しいので，1つの内角の大きさは，

$$1800^\circ\div12=150^\circ$$

ワンポイント

三角形の内角の和は 180°，四角形の内角の和は 360°，五角形の内角の和は 540°，…のように，よく出る図形の内角の和は覚えておくと便利である。

Column

公式を使わずに多角形の内角の和を求める

公式を使わずに多角形の内角の和を求めるには，以下のような方法がある。

例 五角形の内角の和を求める方法

①右の図のように，1つの頂点から対角線をひいて三角形にわけて考える。3つの三角形にわけることができるので，五角形の内角の和は，

$$180^\circ\times3=540^\circ$$

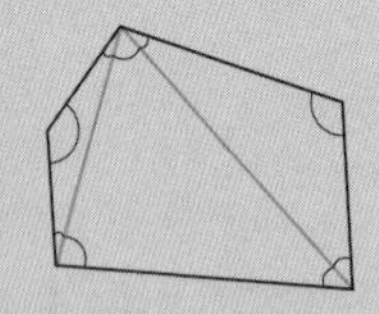

②右の図のように，内部の1つの点から各頂点に線をひいて三角形にわけて考える。五角形の内角の和は，5つの三角形の内角の和から内部の点のまわりの 360° をひけばよいので，

$$180^\circ\times5-360^\circ=540^\circ$$

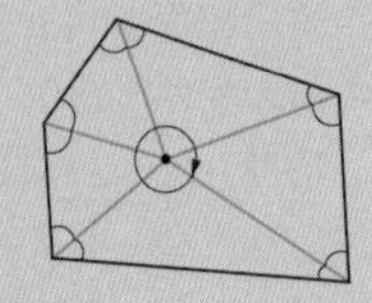

③右の図のように，辺上の1つの点から各頂点に線をひいて考える。4つの三角形の内角の和から，180° をひけばよいので，

$$180^\circ\times4-180^\circ=540^\circ$$

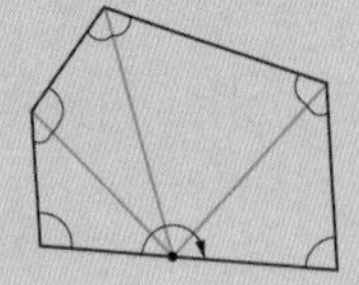

二等辺三角形・平行四辺形 2年

定義(ていぎ) 基本

ことばの意味をはっきり述べたもの。

例 3 辺の長さが等しい三角形を正三角形という。
正三角形の定義

定理(ていり) 基本

証明【▶ P.106】されたことがらのうちで，重要なもの。

例 二等辺三角形の頂角の二等分線は，底辺を垂直に 2 等分する。

頂角(ちょうかく) 基本

二等辺三角形で，長さが等しい2辺の間の角。

例 右の図で，AB＝AC であるから，頂角は ∠A

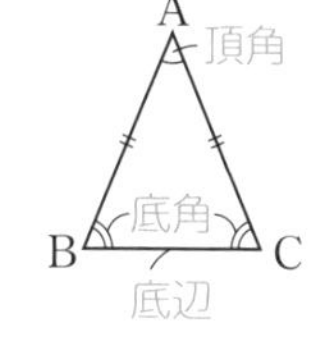

底辺(ていへん) 基本

二等辺三角形の頂角に対する辺。

例 右上の図で，底辺は辺 BC

底角(ていかく) 基本

二等辺三角形の底辺の両端の角。

例 右上の図で，底辺は辺 BC であるから，底角は ∠B と ∠C

二等辺三角形 基本

2つの辺が等しい三角形。(定義)

ワンポイント ①二等辺三角形の性質

(i)二等辺三角形の2つの底角【▶ P.109】は等しい。

〔証明〕右の図の二等辺三角形 ABC で，∠A の二等分線と辺 BC の交点を P とする。

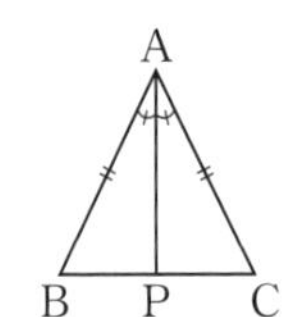

△ABP と △ACP で，仮定より，

AB＝AC …(1)

AP は ∠A の二等分線であるから，

∠BAP＝∠CAP …(2)

AP は共通であるから，

AP＝AP …(3)

(1)，(2)，(3)より，2 組の辺とその間の角がそれぞれ等しいから，

△ABP≡△ACP

よって，∠B＝∠C

(ii)二等辺三角形の頂角【▶ P.109】の二等分線は，底辺を垂直に 2 等分する。

〔証明〕上の(i)の証明より，△ABP≡△ACP

合同な図形では，対応する辺の長さは等しいから，

BP＝CP …(4)

合同な図形では，対応する角の大きさは等しいから，

∠APB＝∠APC

一直線の角は 180° であるから，

∠APB＋∠APC＝180°

よって，

∠APB＝∠APC＝90°

すなわち，AP⊥BC …(5)

(4)，(5)より，二等辺三角形の頂角の二等分線は，底辺を垂直に 2 等分する。

②二等辺三角形になるための条件

2つの角が等しい三角形は，その2つの角を底角とする二等辺三角形である。

〔証明〕右の図のような，∠B＝∠C である△ABC がある。

∠A の二等分線と辺 BC の交点を P とする。

△ABP と△ACP で，仮定より，

∠B＝∠C …(1)

AP は∠A の二等分線であるから，

∠BAP＝∠CAP …(2)

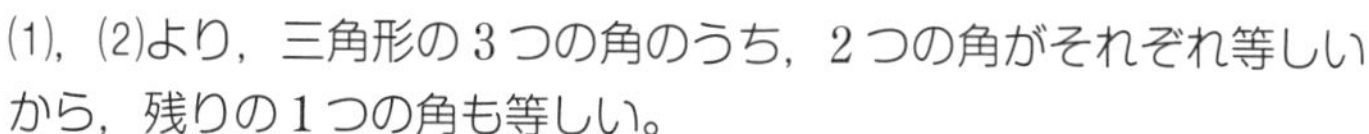

(1)，(2)より，三角形の3つの角のうち，2つの角がそれぞれ等しいから，残りの1つの角も等しい。

よって，∠APB＝∠APC …(3)

AP は共通であるから，

AP＝AP …(4)

(2)，(3)，(4)より，1組の辺とその両端の角がそれぞれ等しいから，

△ABP≡△ACP

よって，AB＝AC

したがって，2つの角が等しい三角形は，その2つの角を底角とする二等辺三角形である。

逆（ぎゃく） 基本

「△△△ならば，○○○」の形で表されることがらの仮定【▶ P.106】と結論【▶ P.106】を入れかえたもの。

●△△△ならば，○○○ —逆→ ○○○ならば，△△△

例「△ABC と△DEF で3組の辺がそれぞれ等しければ合同である」の逆は，「△ABC と△DEF が合同ならば，△ABC と△DEF の3組の辺はそれぞれ等しい」。

注意⚠ 正しいことがらの逆はいつも正しいとは限らない。

例「x が6の倍数ならば，x は偶数である。」→正しい。
このことがらの逆は，「x が偶数ならば，x は6の倍数である。」→正しくない。

反例 基本

あることがらが正しくないときの具体例。

例「x が 6 の倍数ならば，x は偶数である。」の逆「x が偶数ならば，x は 6 の倍数である。」は正しくない。

(反例)$x=2$ のとき，2 は偶数であるが 6 の倍数ではない。

正三角形 基本

3つの辺がすべて等しい三角形。(定義)

ワンポイント 正三角形の性質

①正三角形の 3 つの角の大きさはすべて等しい。

②正三角形は，二等辺三角形の特別な場合なので，二等辺三角形の性質をもつ。

また，頂角または底角が 60° である二等辺三角形は，正三角形である。

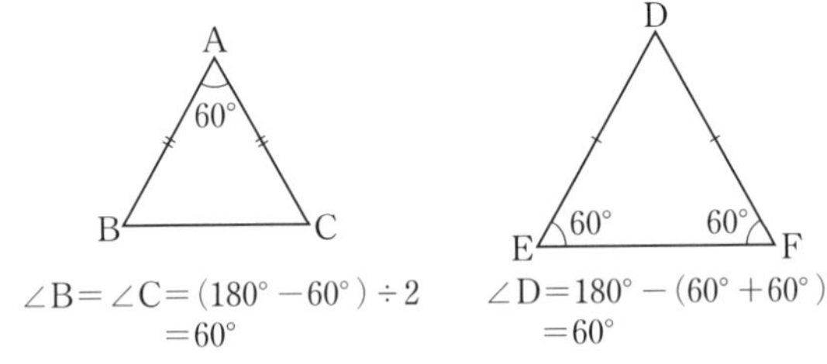

Column 二等辺三角形と正三角形

2 つの辺が等しい三角形は二等辺三角形であるから，3 つの辺がすべて等しい正三角形も二等辺三角形である。また，正三角形は 3 つの角がすべて等しいので，2 つの角が等しい三角形は二等辺三角形であるという二等辺三角形になるための条件を満たす。

つまり，正三角形は二等辺三角形の特別な場合であるともいえる。

対角（たいかく） 基本

四角形の向かいあう角。

対辺（たいへん） 基本

四角形の向かいあう辺。

平行四辺形 基本

2組の対辺がそれぞれ平行な四角形。（定義）
平行四辺形 ABCD を，記号 ▱ を使って，
▱ABCD と書く。

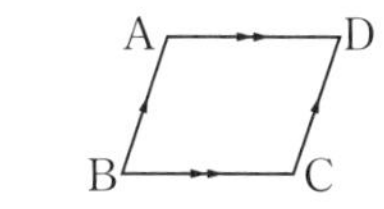

ワンポイント 平行四辺形の性質

①平行四辺形の 2 組の対辺はそれぞれ等しい。
AB＝DC
AD＝BC

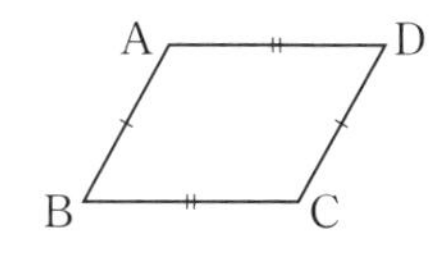

②平行四辺形の 2 組の対角はそれぞれ等しい。
∠A＝∠C
∠B＝∠D

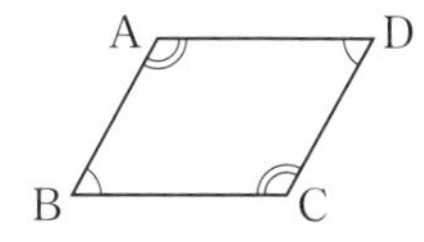

③平行四辺形の対角線はそれぞれの中点で交わる。
AO＝CO
BO＝DO

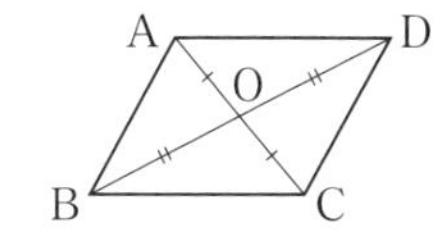

Column

平行四辺形の性質①の証明

平行四辺形 ABCD で，対角線 AC をひく。
△ABC と △CDA で，
平行線の錯角【▶ P.101】は等しいから，
∠BAC＝∠DCA …(1)
∠ACB＝∠CAD …(2)
AC は共通であるから，AC＝CA …(3)
(1)，(2)，(3)から，1 組の辺とその両端の角がそれぞれ等しいから，
△ABC≡△CDA
よって，AB＝CD，BC＝DA(2 組の対辺はそれぞれ等しい。)

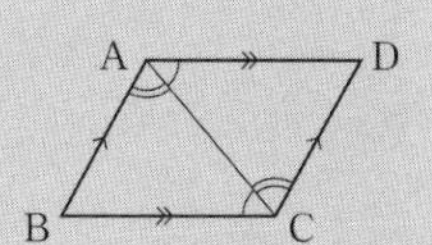

ワンポイント ①平行四辺形になるための条件

四角形は，次のいずれかが成り立つとき平行四辺形である。

(i) 2 組の対辺【▶ P.113】がそれぞれ平行である。(定義)

(ii) 2 組の対辺がそれぞれ等しい。

(iii) 2 組の対角【▶ P.113】がそれぞれ等しい。

(iv)対角線がそれぞれの中点で交わる。

(v) 1 組の対辺が等しくて平行である。

②特別な平行四辺形になるための条件

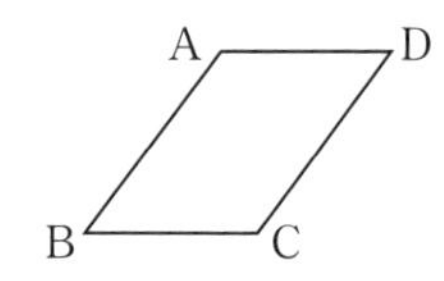

平行四辺形に，次の条件が加わると，長方形，ひし形，正方形になる。

(i)平行四辺形のとなりあう 2 つの角が等しいとき，長方形になる。

例 ▱ABCD で，∠A＝∠B

(ii)平行四辺形のとなりあう 2 つの辺が等しいとき，ひし形になる。

例 ▱ABCD で，AB＝BC

(iii)平行四辺形のとなりあう 2 つの角が等しく，となりあう 2 つの辺も等しいとき，正方形になる。

例 ▱ABCD で，∠A＝∠B，AB＝BC

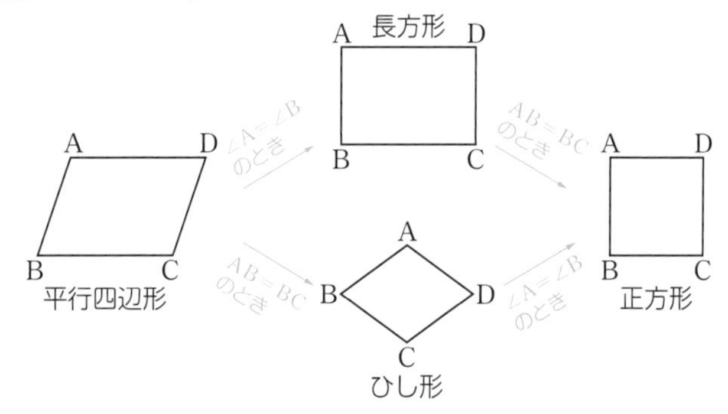

対角線 基本

向かいあう頂点どうしを結んだ線分。

長方形 基本

4つの角がすべて等しい四角形。(定義)

◉定義より，長方形は，2組の対角【▶ P.113】がそれぞれ等しいから，長方形は平行四辺形の特別な場合であるといえる。

ワンポイント 長方形の対角線の長さは等しい。

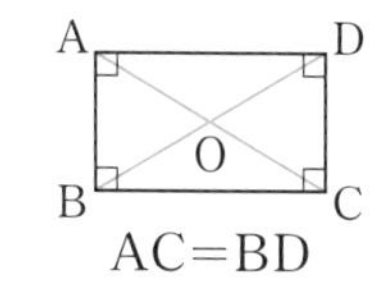

ひし形 基本

4つの辺がすべて等しい四角形。(定義)

◉定義より，ひし形は，2組の対辺【▶ P.113】がそれぞれ等しいから，ひし形は平行四辺形の特別な場合であるといえる。

ワンポイント ひし形の対角線は垂直に交わる。

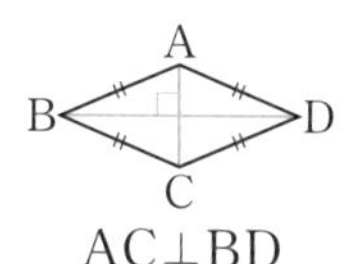

正方形 基本

4つの辺がすべて等しく，4つの角がすべて等しい。(定義)

◉正方形は，長方形とひし形の両方の性質を持っている。

ワンポイント 正方形の対角線は，長さが等しく，垂直に交わる。

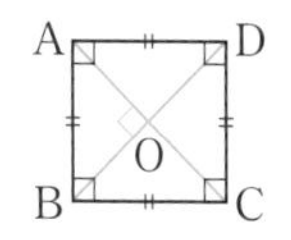

AC＝BD
AC⊥BD

たこ形

対角線が垂直に交わり，となりあう2組の辺がそれぞれ等しい四角形。ただし，ひし形ではない。

AB＝CB，AD＝CD，AC⊥BD

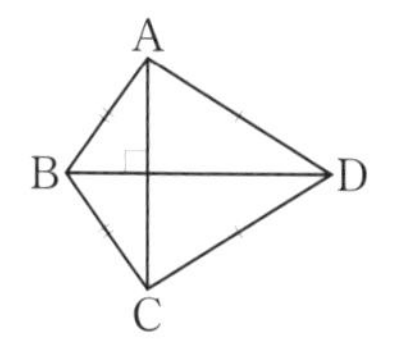

外接円(がいせつえん)

三角形の3つの頂点をすべて通る円。

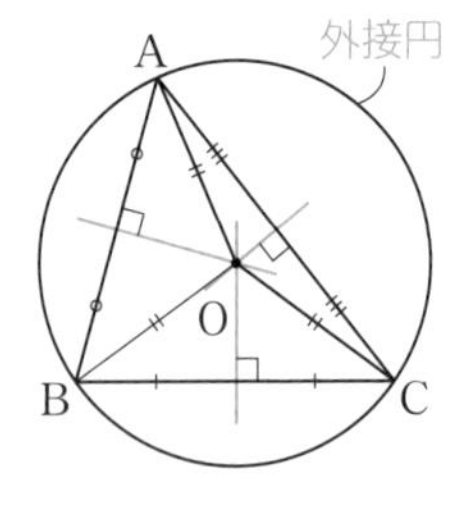

ワンポイント 外接円の中心のことを，外心という。外心は，三角形の各辺の垂直二等分線【▶ P.82】の交点と一致する。

〔証明〕右の図の△ABCで，AO，BO，COは，外接円の半径であるから，

AO＝BO＝CO

2点から等距離にある点は，その2点を結ぶ線分の垂直二等分線上にあるから，点Oは辺AB，BC，CAの垂直二等分線の交点と一致する。

内接円(ないせつえん)

三角形の3つの辺すべてに接する円。

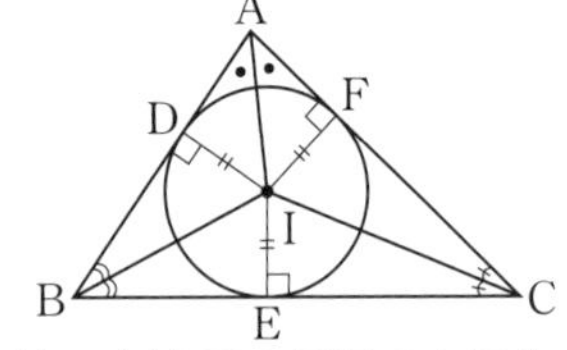

ワンポイント 内接円の中心のことを，内心という。内心は，三角形の3つの角のそれぞれの二等分線の交点と一致する。

〔証明〕右の図の△ABCで，ID，IE，IFは，内接円の半径であるから，

ID＝IE＝IF

また，辺AB，BC，CAは円Iの接線であるから，

ID⊥AB，IE⊥BC，IF⊥CA

2辺から等距離にある点は，その2辺がつくる角の二等分線上にあるから，点Iは∠A，∠B，∠Cの二等分線の交点と一致する。

相似

相似な図形・平行線と比・相似な図形の面積，体積 3年

相似(そうじ) 基本

2つの図形があり，一方の図形を一定の割合に拡大または縮小すると他方の図形と合同【▶ P.104】になるとき，この2つの図形は相似であるという。2つの図形が相似であることは，記号 ∽ を使って表す。

例 右の△DEF は，△ABC を 2 倍に拡大した図形であるから，

△ABC∽△DEF

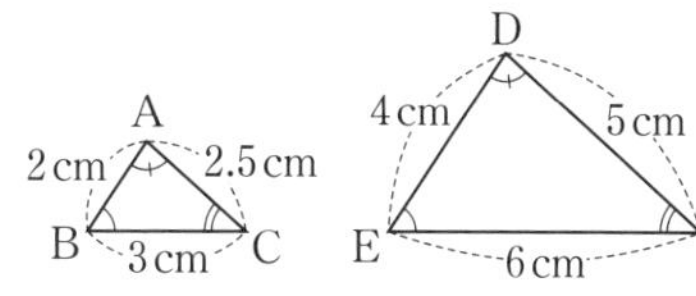

ワンポイント 相似な図形の性質

相似な図形では，

①対応する線分の長さの比はすべて等しい。

②対応する角の大きさはそれぞれ等しい。

三角形の相似条件 基本

2つの三角形は，次のいずれかが成り立つとき，相似である。

①3組の辺の比がすべて等しい。

$a:d=b:e=c:f$

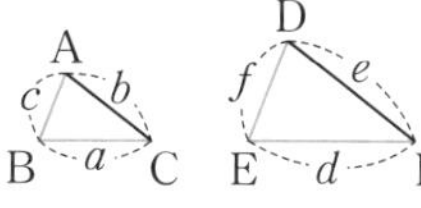

②2組の辺の比とその間の角がそれぞれ等しい。

$a:d=c:f$

$\angle B=\angle E$

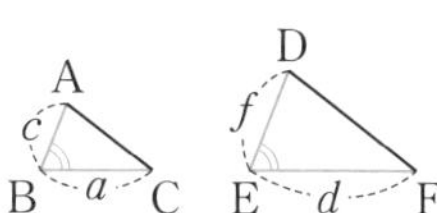

③2組の角がそれぞれ等しい。

$\angle B=\angle E$

$\angle C=\angle F$

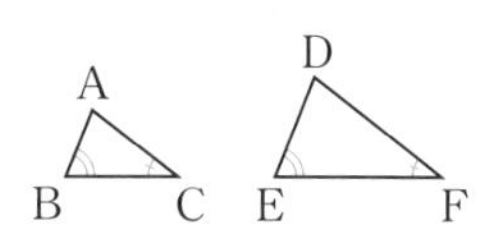

相似比 基本

相似【▶ P.117】な図形の，対応する線分の長さの比。

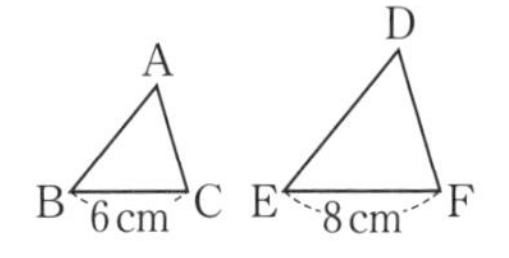

例 右の図の △ABC と △DEF が相似であるとき，BC : EF＝6 : 8＝3 : 4 であるから，相似比は 3 : 4

相似の位置 基本

右の図のように，2つの図形の対応する頂点どうしを通る直線がすべて1点 O で交わり，点 O から対応する頂点までの距離（きょり）の比がすべて等しいとき，2つの図形は，点 O を相似の中心として相似の位置にあるという。

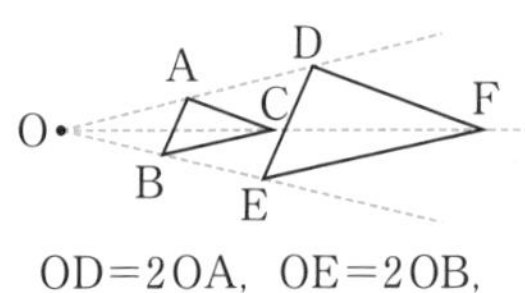

OD＝2OA，OE＝2OB，OF＝2OC

◉相似の位置にある 2 つの図形は相似【▶ P.117】である。

相似の中心 基本

相似の位置にある2つの図形の，対応する頂点どうしを通る直線の交点。

例 右上の図の △ABC と △DEF の，相似の中心は点 O である。

三角形と比 基本

△ABC で，点 D，E がそれぞれ辺 AB，AC 上にあるとき，DE∥BC ならば，

① AD : AB＝AE : AC＝DE : BC

② AD : DB＝AE : EC

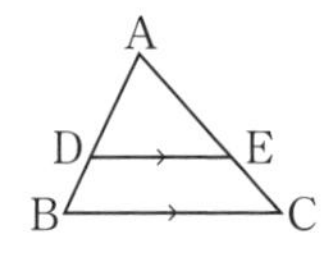

平行線と比 基本

平行な3つの直線 ℓ，m，n と2つの直線 a，b が，右の図のように交わっている。

このとき，次の関係が成り立つ。

① AB : BC＝DE : EF

② AB : DE＝BC : EF

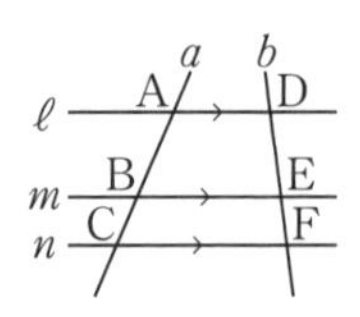

線分の比と平行線 基本

△ABCで，点D，Eがそれぞれ辺AB，AC上にあるとき，

① AD：AB＝AE：ACならば，DE∥BC

② AD：DB＝AE：ECならば，DE∥BC

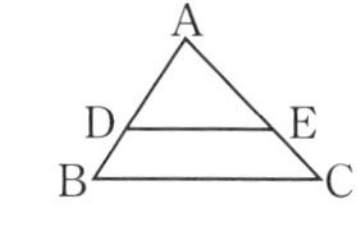

中線

三角形の頂点とその対辺の中点【▶ P.81】を結んだ線分。

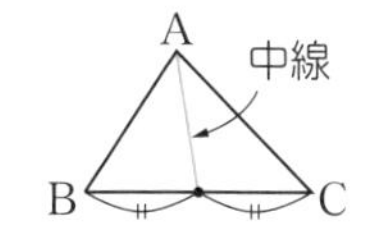

三角形の重心

三角形の3つの中線は1点で交わる。この点を三角形の重心という。

ワンポイント 三角形の重心は，3つの中線をそれぞれ，2：1に分ける。

AG：GP＝BG：GQ＝CG：GR＝2：1

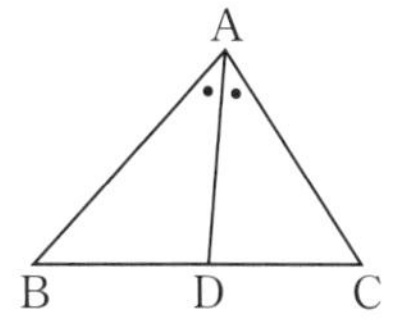

三角形の角の二等分線と比

△ABCで，∠Aの二等分線【▶ P.82】と辺BCの交点をDとすると，

AB：AC＝BD：DC

例 右の図の△ABCで，ADは∠Aの二等分線であるから，

AB：AC＝BD：DC

よって，

$9:6=6:x$

$9x=36$

$x=4$

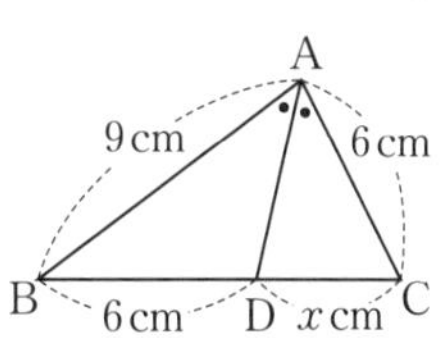

中点連結定理 基本

△ABC で，2 辺 AB，AC の中点**【▶ P.81】****をそれぞれ，M，N とすると，次の関係が成り立つ。**

$$\mathbf{MN /\!/ BC,\ MN = \frac{1}{2}BC}$$

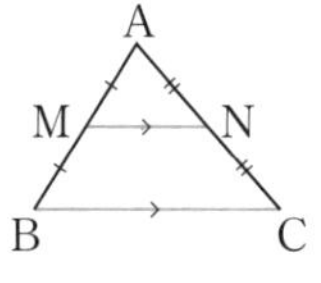

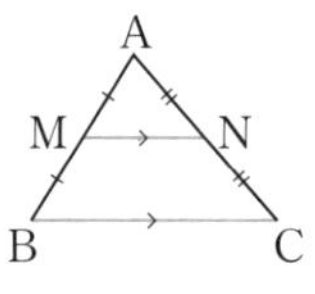

例 右の図の △ABC で，点 D，E はそれぞれ，辺 AB，AC の中点である。

このとき，中点連結定理より，

$DE /\!/ BC$

$DE = \frac{1}{2}BC$

$= \frac{1}{2} \times 14$

$= 7\ (cm)$

例 右の図のような四角形 ABCD があり，4 辺 AB，BC，CD，DA の中点をそれぞれ，E，F，G，H とすると，四角形 EFGH は平行四辺形になることを，中点連結定理を使って証明する。

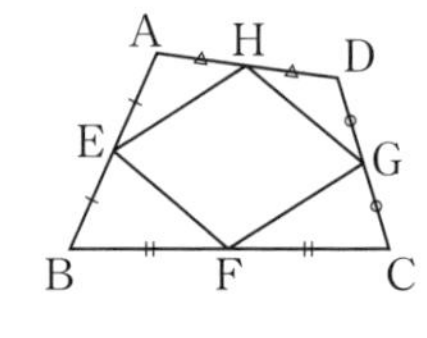

〔証明〕

四角形 ABCD の対角線 AC をひく。

△ABC において，点 E，F はそれぞれ，辺 AB，BC の中点であるから，中点連結定理より，

$EF /\!/ AC,\ EF = \frac{1}{2}AC$ …①

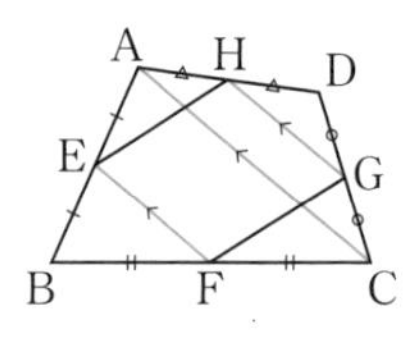

△ADC においても同様に，

$HG /\!/ AC,\ HG = \frac{1}{2}AC$ …②

①，②より，EF∥HG，EF＝HG …③

③より，1 組の対辺【▶ P.113】が等しくて平行であるから，四角形 EFGH は平行四辺形である。

相似な図形の面積比 基本

相似な2つの図形において，相似比【▶ P.118】が $m:n$ ならば，面積比は $m^2:n^2$

例 右の図で，△ABC∽△DEF である。

△ABC の面積を S_1，△DEF の面積を S_2 とする。

BC：EF＝4：3 より，

△ABC と △DEF の相似比は，

4：3 であるから，面積比は，

$S_1:S_2=4^2:3^2$

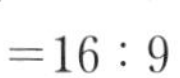

$=16:9$

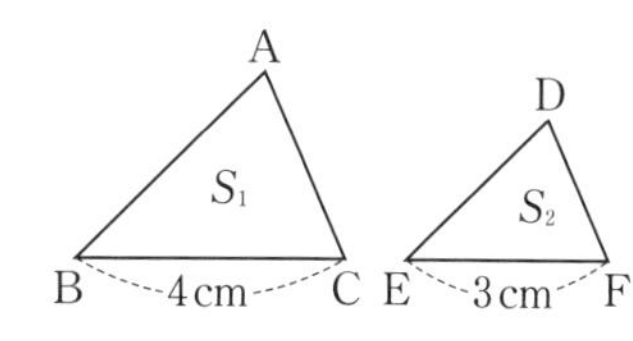

例 相似比が 4：7 の相似な 2 つの図形 P，Q がある。

P の面積が 320 cm² のときの Q の面積を求める。

Q の面積を x cm² とすると，

$320:x=4^2:7^2$，$16x=320\times49$，$x=980$

よって，Q の面積は 980 cm²

例 右の図の △ABC で，DE∥BC である。

AD：DB＝2：1 のとき，△ADE の面積 S_1 と四角形 DBCE の面積 S_2 の面積比を求める。

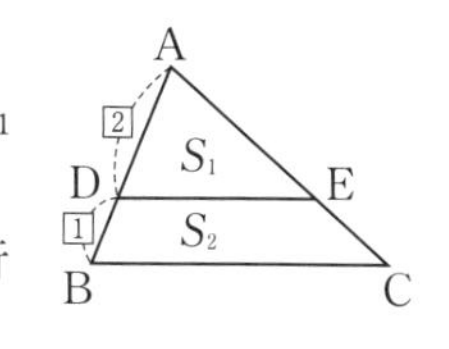

△ADE と △ABC で，DE∥BC より，平行線の同位角【▶ P.101】は等しいから，

∠ADE＝∠ABC …①

∠AED＝∠ACB …②

①，②より，2 組の角がそれぞれ等しいから，

△ADE∽△ABC

AD：AB＝2：(2＋1)＝2：3 より，△ADE と △ABC の相似比は 2：3 である。

△ABC の面積は (S_1+S_2) であるから，

$S_1:(S_1+S_2)=2^2:3^2$

$=4:9$

よって，$S_1:S_2=4:5$

相似な図形の周の長さの比 基本

相似な2つの図形において，相似比【▶ P.118】が $m : n$ ならば，周の長さの比も $m : n$

例 右の図の円Oと円O′の周の長さの比を求める。

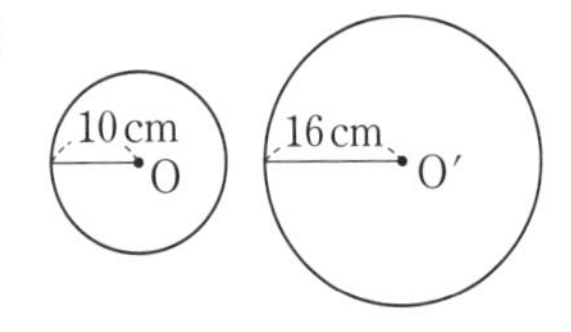

円Oと円O′は相似であり，相似比は，

$10 : 16 = 5 : 8$

であるから，周の長さの比は，$5 : 8$

ワンポイント 実際に円Oと円O′の周の長さを求めてみると，円Oの周の長さは，

$2\pi \times 10 = 20\pi$ (cm)

円O′の周の長さは，

$2\pi \times 16 = 32\pi$ (cm)

よって，円Oと円O′の周の長さの比は，

$20\pi : 32\pi = 5 : 8$

であり，相似比と等しくなる。

例 相似比が $9 : 4$ の相似な2つの四角形P，Qがある。

Qの周の長さが28 cmのときのPの周の長さを求める。

Pの周の長さを x cmとすると，

$x : 28 = 9 : 4$，$4x = 28 \times 9$，$x = 63$

Column

黄金比

最も美しく調和のとれた比として，

$1 : \frac{1+\sqrt{5}}{2}$ (およそ5：8)

を黄金比とよんでいる。図書カードや新書判の本などは，長方形の短い方の辺と長い方の辺の比が，黄金比になっている。

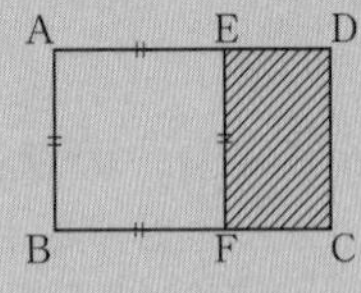

このような長方形から正方形を切り取ったとき，残った長方形はもとの長方形と相似になる。

つまり，右の図で，長方形ABCDの縦と横の長さが黄金比であるとき，

長方形ABCD∽長方形CFED

となる。

相似な立体の表面積の比 基本

相似な2つの立体において，相似比【▶ P.118】が $m:n$ ならば，表面積の比は $m^2:n^2$

例 右の図で，立体Pと立体Qは相似である。
立体PとQの相似比は，
$15:10=3:2$
であるから，表面積の比は，
$3^2:2^2=9:4$

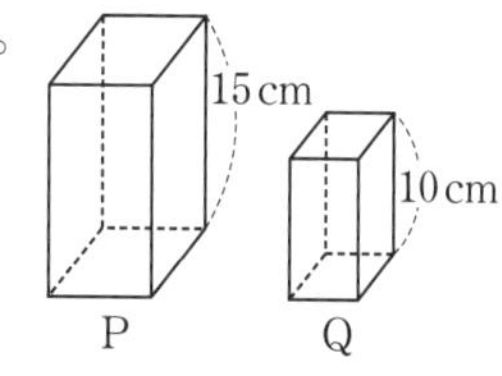

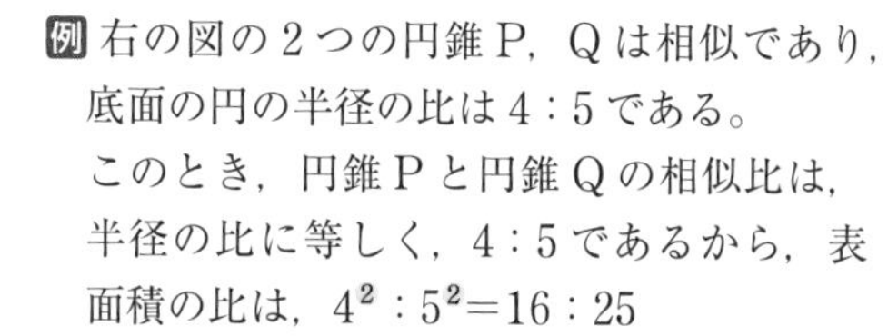
例 右の図の2つの円錐P，Qは相似であり，底面の円の半径の比は4：5である。
このとき，円錐Pと円錐Qの相似比は，半径の比に等しく，4：5であるから，表面積の比は，$4^2:5^2=16:25$

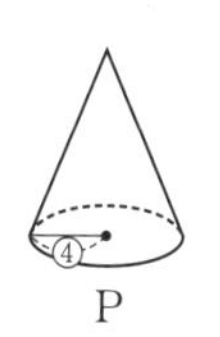

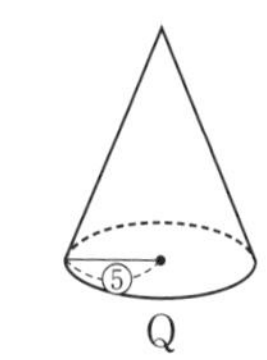

例 右の図の球Oと球O′の表面積の比を求める。
球Oと球O′は相似であり，相似比は，
$6:12=1:2$
であるから，表面積の比は，$1^2:2^2=1:4$

ワンポイント 実際に球Oと球O′の表面積を求めてみると，
球Oの表面積は，$4\pi\times6^2=144\pi\ (\text{cm}^2)$
球O′の表面積は，$4\pi\times12^2=576\pi\ (\text{cm}^2)$
よって，球Oと球O′の表面積の比は，
$144\pi:576\pi=1:4=1^2:2^2$
となり，相似比の2乗に等しくなる。

例 相似比が4：3の相似な2つの立体P，Qがある。
Qの表面積が $126\ \text{cm}^2$ のときのPの表面積を求める。
Pの表面積を $x\ \text{cm}^2$ とすると，
$x:126=4^2:3^2$，$9x=126\times16$，$x=224$

相似な立体の体積比 基本

相似な2つの立体において，相似比【▶ P.118】が $m:n$ ならば，体積比は $m^3:n^3$

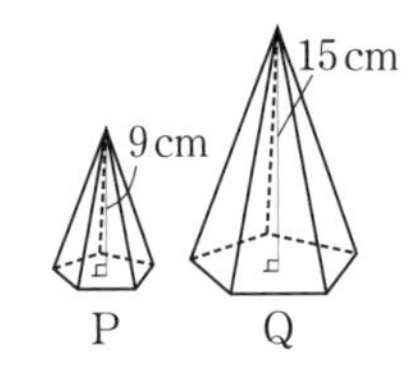

例 右の図で，立体Pと立体Qは相似である。

立体PとQの高さの比が，

$9:15=3:5$

であるから，相似比は3：5である。

よって，体積比は，

$3^3:5^3=27:125$

例 相似比が2：5の相似な2つの立体P，Qがある。

Pの体積が 56π cm^3 のときのQの体積を求める。

Qの体積を x cm^3 とすると，

$56\pi:x=2^3:5^3$

$8x=56\pi\times125$

$x=875\pi$

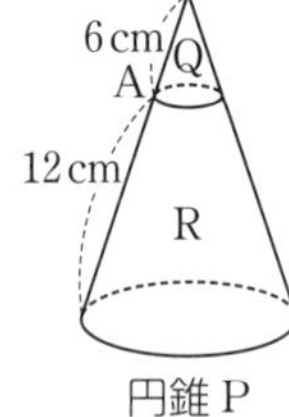

例 右の図のように，点Aを通り，底面に平行な平面で，円錐Pを2つの立体QとRに分けるとき，立体Qと立体Rの体積比を求める。

立体Qと円錐Pは相似な立体であり，相似比は，

$6:(6+12)=6:18$

$=1:3$

よって，立体Qと円錐Pの体積比は，

$1^3:3^3=1:27$

立体Rは，円錐Pから立体Qを取り除いたものであるから，立体Qと立体Rの体積比は，$1:(27-1)=1:26$ である。

図形編

円周角

円・円周角・中心角 3年

円周角 基本

円Oで，$\overset{\frown}{AB}$ を除く円周上に点Pをとる。
このとき，∠APB を $\overset{\frown}{AB}$ に対する円周角という。
また，$\overset{\frown}{AB}$ を円周角∠APB に対する弧(こ)【▶ P.82】という。

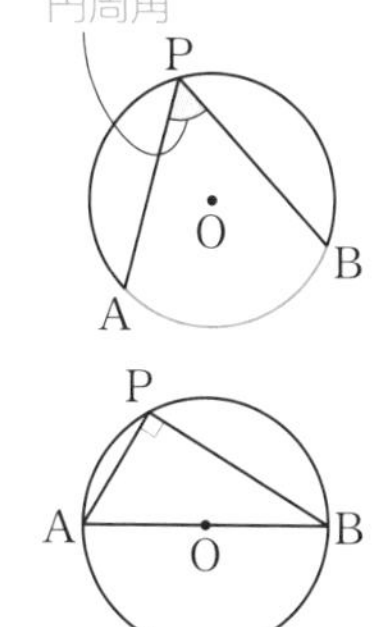

ワンポイント 右の図のように，AB が直径のとき，∠APB を半円の弧に対する円周角という。

Column

曲尺(かねじゃく)を使って円をかく。

大工道具の中に，曲尺(さしがねともいう)とよばれるものがある。
曲尺は，途中が直角に曲がっているものさしで，大変便利な道具である。
この曲尺を使って，円をかく方法がある。
右のように，まず直径の長さを決め，釘(くぎ)を打つ。釘にあわせて曲尺を置き，曲尺の直角の部分に鉛筆をあてて，曲尺を釘にそわせて動かしていくと半円がかける。同様に下半分の半円もかけば，円が完成する。
これは，円周角の定理【▶ P.126】をうまく利用した例である。

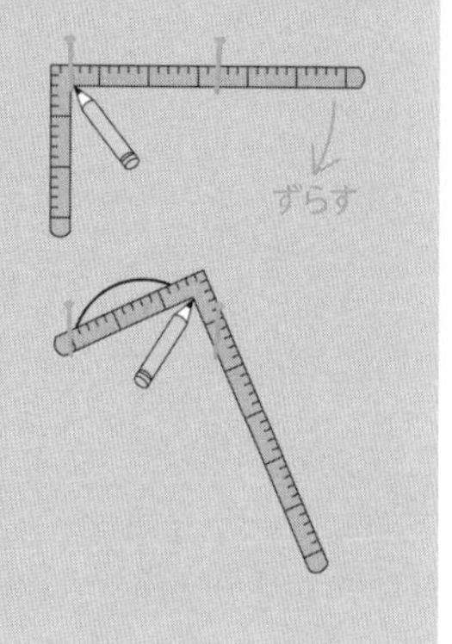

円周角の定理 基本

①**1つの弧【▶ P.82】に対する円周角【▶ P.125】の大きさは，その弧に対する中心角【▶ P.83】の半分である。**

【▶ P.82】【▶ P.125】【▶ P.83】

例 図1で，$\angle APB=\frac{1}{2}\angle AOB$

②**同じ弧に対する円周角の大きさは等しい。**

例 図2で，$\angle APB=\angle AQB=\angle ARB$

ワンポイント 図3で半円の弧に対する円周角は90°である。

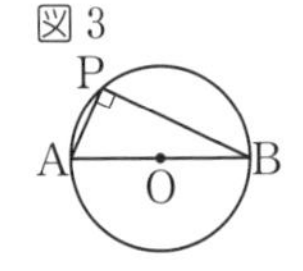

また，1つの円で，

①等しい長さの弧に対する円周角の大きさは等しい。

例 図4で，$\overset{\frown}{AB}=\overset{\frown}{BC}$ のとき，

$\angle APB=\angle BQC$

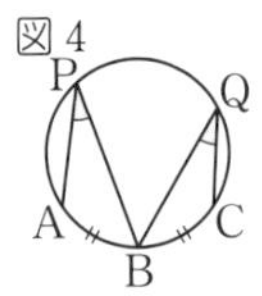

②大きさが等しい円周角に対する弧の長さは等しい。

例 図4で，$\angle APB=\angle BQC$ のとき，$\overset{\frown}{AB}=\overset{\frown}{BC}$

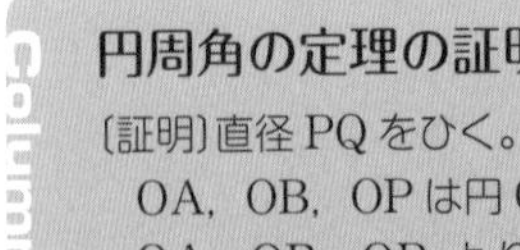

Column

円周角の定理の証明

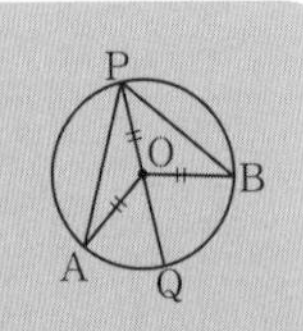

〔証明〕直径PQをひく。

OA，OB，OPは円Oの半径であるから，

OA=OB=OP より，△AOP，△BOPは二等辺三角形である。

よって，$\angle PAO=\angle APO$，$\angle PBO=\angle BPO$

三角形の内角と外角の関係より，

△AOPで，$\angle AOQ=\angle PAO+\angle APO=2\angle APO$

△BOPで，$\angle BOQ=\angle PBO+\angle BPO=2\angle BPO$

よって，$\angle AOB=\angle AOQ+\angle BOQ$

$=2\angle APO+2\angle BPO$

$=2(\angle APO+\angle BPO)=2\angle APB$

したがって，$\angle APB=\frac{1}{2}\angle AOB$

(Pが$\overset{\frown}{AB}$の短い方の円周上にあるとき，Pが直線AO上または直線BO上にあるときも証明できる。)

円周角の定理の逆 基本

4点A，B，C，Dがあり，2点C，Dが直線ABについて同じ側にあるとき，

$\angle ACB = \angle ADB$

ならば，4点A，B，C，Dは同じ円周上にある。

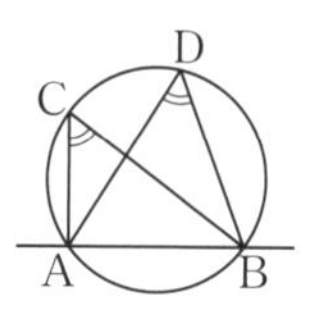

ワンポイント $\angle ACB = \angle ADB = 90°$ のとき，4点A，B，C，DはABを直径とする同じ円周上にある。

Column

円周角の定理の逆が正しいことの証明

3点A，B，Cが同じ円周上にあり，点Dを直線ABについて，点Cと同じ側にとる。このとき，次の3つの場合がある。

(i) 点Dが同じ円周上にあるとき

円周角の定理より，$\angle ADB = \angle ACB$

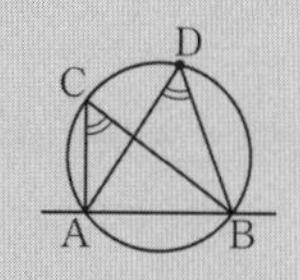

(ii) 点Dが円の内部にあるとき

ADの延長線と円との交点をEとすると，円周角の定理より，$\angle AEB = \angle ACB$

$\triangle DBE$で，三角形の内角と外角の関係より，

$\angle ADB = \angle AEB + \angle DBE$

$= \angle ACB + \angle DBE$

よって，$\angle ADB > \angle ACB$

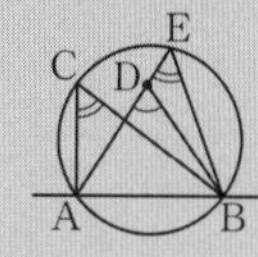

(iii) 点Dが円の外部にあるとき

BDと円との交点をEとすると，円周角の定理より，

$\angle AEB = \angle ACB$

$\triangle ADE$で，三角形の内角と外角の関係より，

$\angle ADB + \angle DAE = \angle AEB = \angle ACB$

よって，$\angle ADB < \angle ACB$

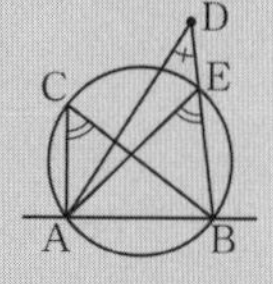

(i)，(ii)，(iii)より，$\angle ADB = \angle ACB$ になるとき，4点A，B，C，Dは同じ円周上にあるから，円周角の定理の逆は正しい。

円外の１点からの接線

円外の１点 A からその円にひいた２つの接線 AP，AP′ の長さは等しい。

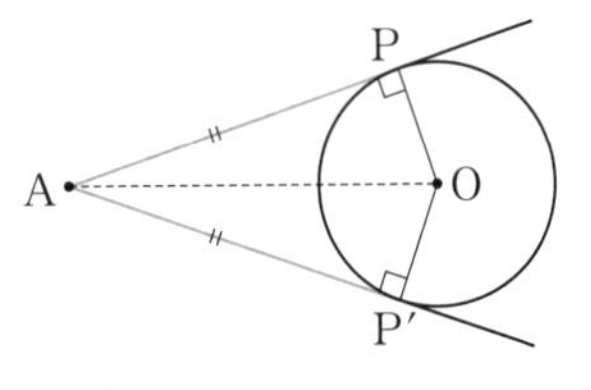

ワンポイント 円の接線は，その接点【▶ P.83】を通る半径に垂直であるから，

$\angle APO = \angle AP'O = 90°$

よって，点 P，P′ は直径が AO の円周上にある。

◆作図のしかた◆ 円外の１点からの接線の作図

①点 A と O を結ぶ。

②線分 AO の垂直二等分線【▶ P.82】をひき，線分 AO との交点を O′ とする。（垂直二等分線の作図のしかたは，P.82 を参照）

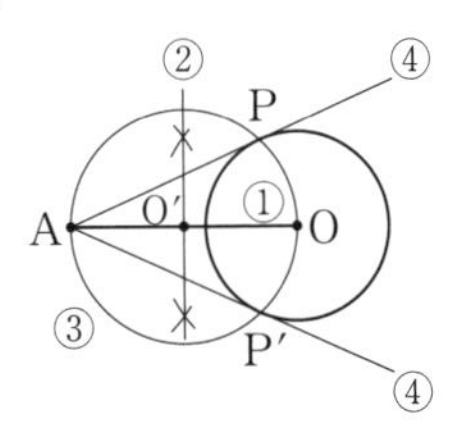

③点 O′ を中心として，半径 AO′ の円をかく。

④③と円 O との交点を P，P′ として，直線 AP，AP′ をひく。

例 右の図の BC の長さを求める。

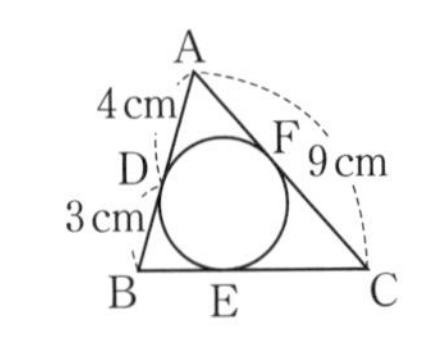

BE＝BD より，BE＝3 cm

AD＝AF＝4 cm より，

CF＝CA－AF＝9－4＝5 (cm)

CE＝CF より，CE＝5 cm

よって，BC＝BE＋CE＝3＋5＝8 (cm)

例 右の図の内接円【▶ P.116】の半径を求める。

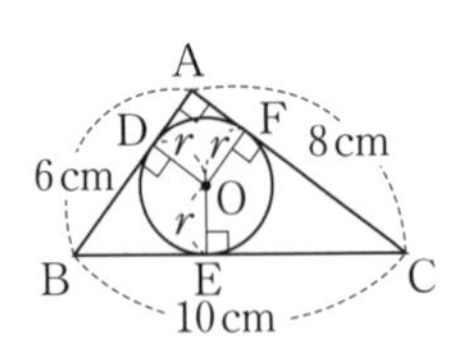

内接円の半径を r cm とすると，四角形 ADOF は，１辺が r cm の正方形であるから，

AD＝AF＝r cm

BE＝BD＝AB－AD＝6－r (cm)

CE＝CF＝AC－AF＝8－r (cm)

BE＋CE＝BC

より，$(6-r)+(8-r)=10$ を解いて，$r=2$

円に内接する四角形の性質

①円に内接する四角形の対角【▶ P.113】の和は 180°

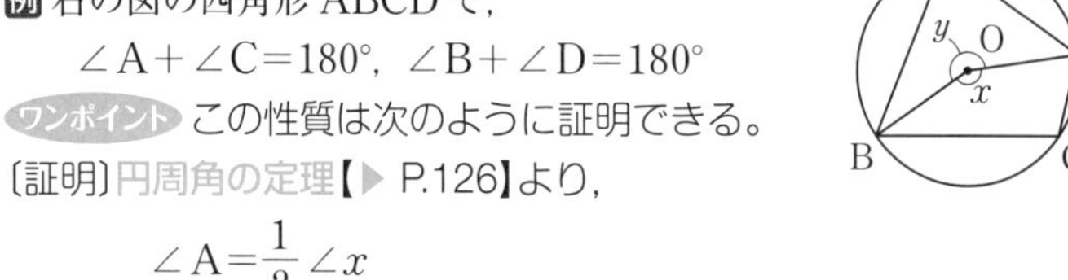

例 右の図の四角形 ABCD で，

$\angle A + \angle C = 180°$，$\angle B + \angle D = 180°$

ワンポイント この性質は次のように証明できる。

〔証明〕円周角の定理【▶ P.126】より，

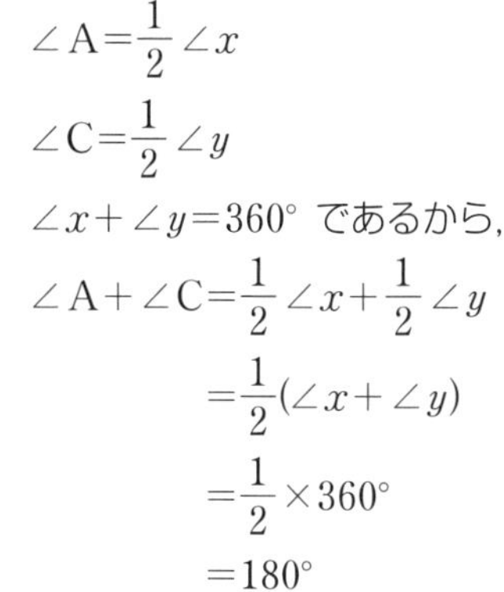

$$\angle A = \frac{1}{2}\angle x$$

$$\angle C = \frac{1}{2}\angle y$$

$\angle x + \angle y = 360°$ であるから，

$$\begin{aligned}\angle A + \angle C &= \frac{1}{2}\angle x + \frac{1}{2}\angle y \\ &= \frac{1}{2}(\angle x + \angle y) \\ &= \frac{1}{2} \times 360° \\ &= 180°\end{aligned}$$

四角形の内角【▶ P.102】の和は 360° であるから，

$$\begin{aligned}\angle B + \angle D &= 360° - (\angle A + \angle C) \\ &= 360° - 180° \\ &= 180°\end{aligned}$$

②円に内接する四角形の１つの内角は，その対角のとなりにある外角【▶ P.102】に等しい。

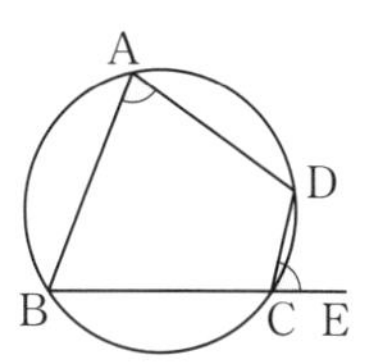

$\angle A = \angle DCE$

例 右下の図で，実際に求めてみると，

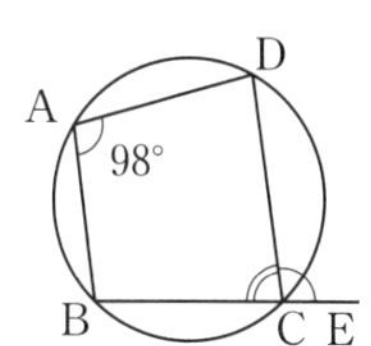

$\angle A + \angle BCD = 180°$ より，

$$\begin{aligned}\angle BCD &= 180° - \angle A \\ &= 180° - 98° \\ &= 82°\end{aligned}$$

また，
$$\begin{aligned}\angle DCE &= 180° - \angle BCD \\ &= 180° - 82° \\ &= 98°\end{aligned}$$

よって，$\angle A = \angle DCE$ である。

接線と弦のつくる角

右の図のように接線 AT と，接点【▶ P.83】A を一端とする弦【▶ P.82】AB のつくる角は，弧【▶ P.82】AB に対する円周角【▶ P.125】に等しい。

∠ACB＝∠BAT

ワンポイント この性質は次のように証明できる。

〔証明〕右の図のように，直径 AP をひき，C と P を結ぶ。

半円の弧に対する円周角であるから，

∠ACP＝90°

よって，∠ACB＝90°－∠PCB …①

∠PAT＝90° であるから，

∠BAT＝90°－∠PAB …②

$\overset{\frown}{\mathrm{PB}}$ に対する円周角であるから，

∠PAB＝∠PCB …③

①，②，③より，∠ACB＝∠BAT

ここでは，∠BAT が鋭角【▶ P.103】の場合を証明したが，∠BAT が 90° または鈍角【▶ P.103】のときも同様に，∠ACB＝∠BAT が成り立つ。

例 右の図で，∠ACB＝110° であるから，

∠BAD＝∠ACB

＝110°

∠ABC＝40° であるから，

∠CAE＝∠ABC

＝40°

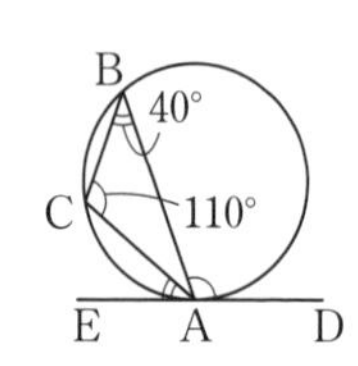

例 右の図で，∠ACB＝∠BAD＝90°

∠ABC＝60° であるから，

∠CAE＝∠ABC

＝60°

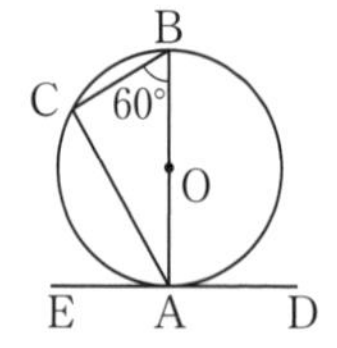

方べきの定理

①2つの弦【▶ P.82】ABとCDが点Pで交わっているとき，または，2つの弦AB，CDの延長が点Pで交わっているとき，

PA×PB＝PC×PD

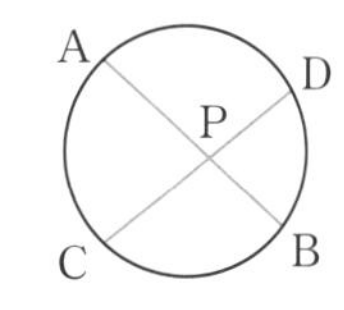

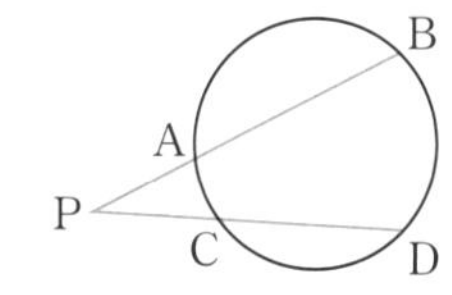

例 右の図で，方べきの定理より，

PA×PB＝PC×PD

$6 \times x = 8 \times 4$

$x = \frac{16}{3}$

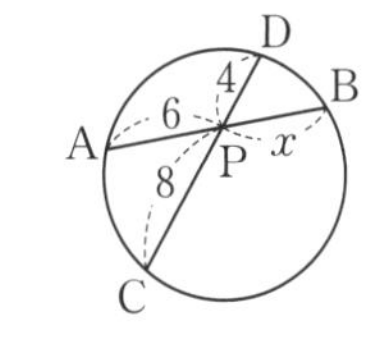

例 右の図で，方べきの定理より，

PA×PB＝PC×PD

$4 \times (4+11) = 5 \times (5+x)$

$60 = 25 + 5x$

$x = 7$

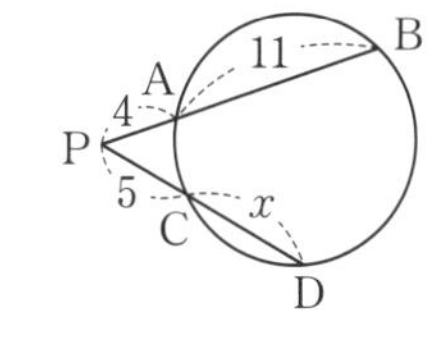

②円外の点Pを通る直線が円と2点A，Bで交わり，点Pから円にひいた接線が点Tで接しているとき，

PA×PB＝PT²

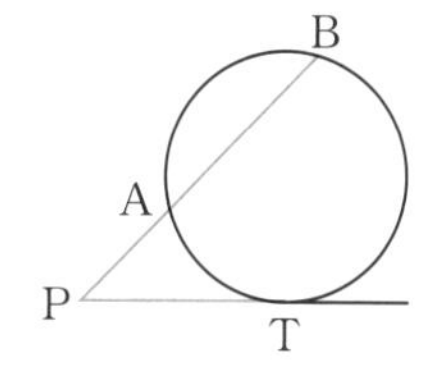

例 右の図で，方べきの定理より，

$PA \times PB = PT^2$

$6 \times (6+x) = 10^2$

$36 + 6x = 100$

$6x = 64$

$x = \frac{32}{3}$

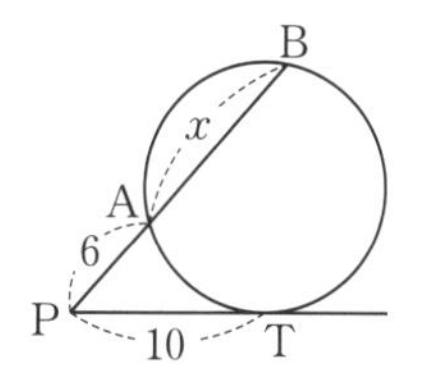

図形編　三平方の定理

三平方の定理・三平方の定理の利用　3年

三平方の定理　基本

右の図のように，直角三角形の直角をはさむ2辺の長さを a，b，斜辺の長さを c とすると，

$$a^2+b^2=c^2$$

の関係が成り立つ。

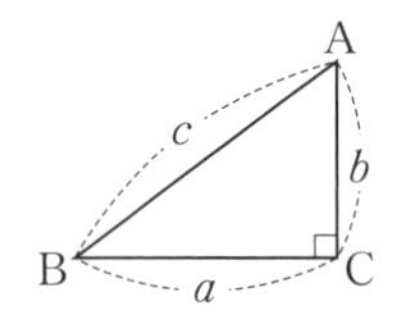

ワンポイント　直角三角形で，2辺の長さがわかっていれば，残りの1辺の長さを求めることができる。

例　右の図で，三平方の定理より，

$$x^2=8^2+4^2$$

$x>0$ より，$x=4\sqrt{5}$

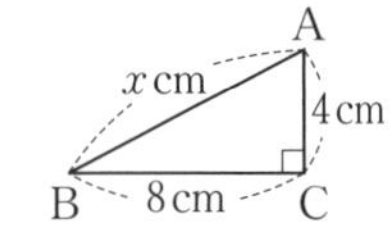

Column

グラフと三平方の定理

図形以外でグラフを扱う問題の中でも，三平方の定理を使って解く場面がよくある。

例　右の図で，2点 A(3, 9)，B(−2, 4) は関数 $y=x^2$ のグラフ上の点である。AP+PB の長さが最短になるように，点Pを x 軸上にとるとき，AP+PB の長さを求める。

点Bと x 軸について対称な点を B′(−2, −4) とすると，AP+PB が最短になるとき，点A，P，B′ は一直線上に並ぶ。

このとき，AP+PB=AB′ であるから，△AB′C で，三平方の定理より，

$$AB'^2=AC^2+B'C^2=\{9-(-4)\}^2+\{3-(-2)\}^2=194$$

AB′>0 より，$AB'=AP+PB=\sqrt{194}$

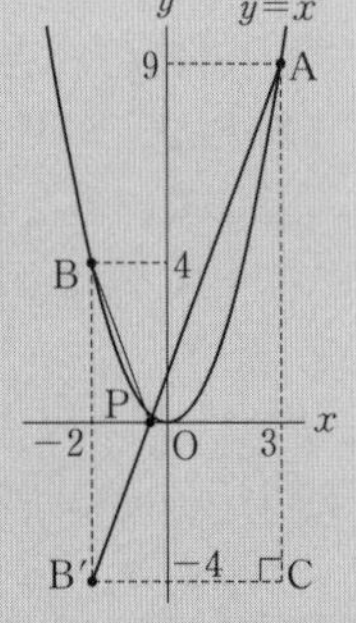

例 右の図のような長方形ABCDで，△ABCは∠ABC＝90°の直角三角形で，AB＝6 cm，BC＝8 cmなので，対角線ACの長さは，三平方の定理より，

$x^2=6^2+8^2$

$x>0$ より，$x=10$

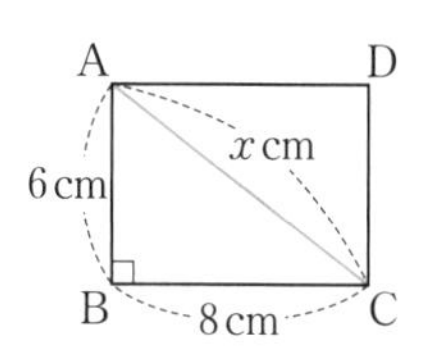

例 右の図のような，底面が長方形である四角錐A－BCDEで，△BCDは∠BCD＝90°の直角三角形で，BC＝6 cm，CD＝8 cmなので，対角線BDの長さは，三平方の定理より，

$x^2=6^2+8^2$

$x>0$ より，$x=10$

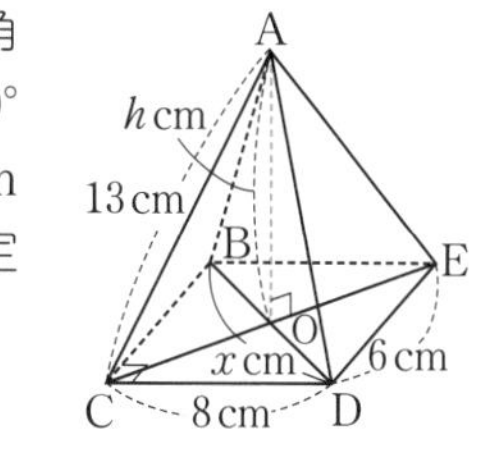

よって，CO＝$10\times\frac{1}{2}=5$ (cm)

△ACOは，∠AOC＝90° の直角三角形で，CO＝5 cm，AC＝13 cmなので，四角錐の高さAOは，三平方の定理より，

$h^2+5^2=13^2$

$h>0$ より，$h=12$

三平方の定理の逆 基本

右の図のように，3辺の長さが a，b，c の△ABCについて，$a^2+b^2=c^2$ ならば，△ABCは∠C＝90°の直角三角形である。

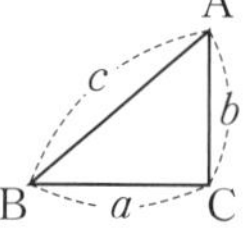

例 3辺の長さが9 cm，12 cm，15 cmである△ABCは，

$9^2+12^2=225$

$15^2=225$

であるから，$9^2+12^2=15^2$ という関係が成り立つ。よって，15 cmの辺を斜辺とする直角三角形である。

1年
2年
3年
さくいん

特別な直角三角形の3辺の比 基本

①45°，45°，90°の角をもつ直角二等辺三角形の3辺の長さの比は，

$$AB : BC : CA = \sqrt{2} : 1 : 1$$

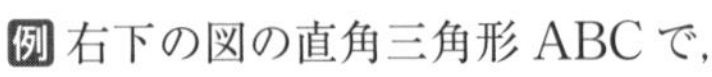

例 右下の図の直角三角形ABCで，

$\angle A = 180° - 90° - 45° = 45°$ であるから，

$\triangle ABC$ は，45°，45°，90°の角をもつ直角二等辺三角形である。

よって，$BC = CA = 5$ cm，$AB : CA = \sqrt{2} : 1$ より，

$$AB = \sqrt{2}\,CA = \sqrt{2} \times 5 = 5\sqrt{2}\ (\text{cm})$$

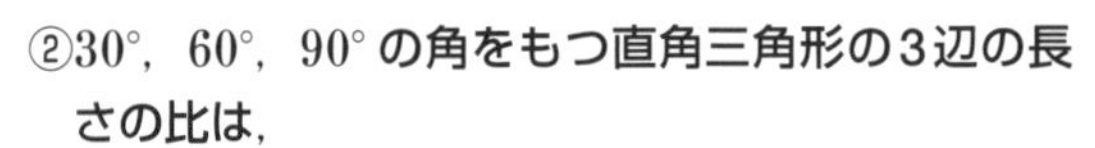

②30°，60°，90°の角をもつ直角三角形の3辺の長さの比は，

$$AB : BC : CA = 2 : 1 : \sqrt{3}$$

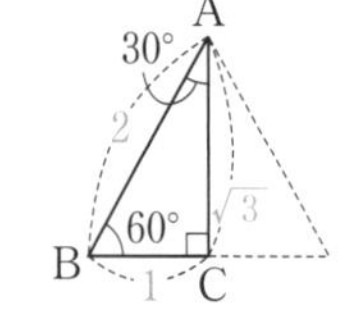

例 右の図の直角三角形ABCで，

$\angle A = 180° - 90° - 60° = 30°$ である。

$BC : CA = 1 : \sqrt{3}$ より，

$$BC = \frac{1}{\sqrt{3}}CA = \frac{1}{\sqrt{3}} \times 4\sqrt{3} = 4\ (\text{cm})$$

$AB : BC = 2 : 1$ より，

$$AB = 2BC = 2 \times 4 = 8\ (\text{cm})$$

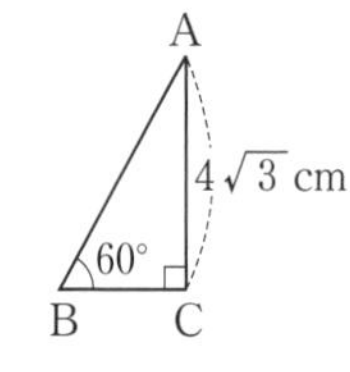

Column

3辺の比が整数の比になる直角三角形

上の特別な直角三角形以外にも，次のような3辺の比が整数の比になる直角三角形もある。

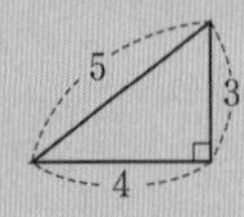

$3 : 4 : 5$
$3^2 + 4^2 = 5^2$

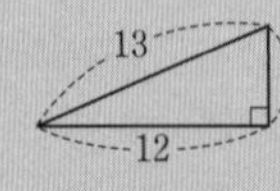

$5 : 12 : 13$
$5^2 + 12^2 = 13^2$

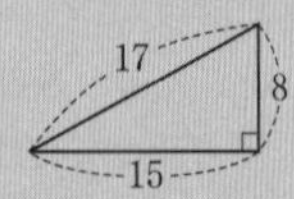

$8 : 15 : 17$
$8^2 + 15^2 = 17^2$

座標平面上の2点間の距離 3年

▼座標平面上の2点間の距離を求める公式

公式

2点 A(a, b), B(c, d) 間の距離 ℓ は,

$$\ell=\sqrt{(c-a)^2+(d-b)^2}$$

◉ 2点 A, B の座標から, 座標平面上の2点間の距離を求めることができる。

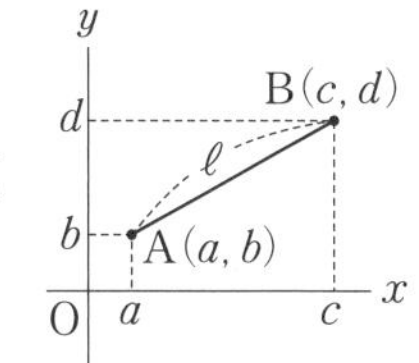

使い方 1 a, b, c, d が正の数のとき

2点 A(2, 4), B(5, 9) 間の距離を求める。

公式に $a=2$, $b=4$, $c=5$, $d=9$ を代入すると,

$$\sqrt{(5-2)^2+(9-4)^2}$$
$$=\sqrt{3^2+5^2}$$
$$=\sqrt{34}$$

ワンポイント

この公式は, 2点 A, B を結ぶ線分 AB を斜辺として直角三角形 ABC をつくり, 三平方の定理【▶ P.132】を使うと, 導くことができる。

例 右の図のように, 2点 A, B を結び, 線分 AB を斜辺として直角三角形 ABC をつくると,

$$AC=c-a$$
$$BC=d-b$$

三平方の定理より, $AC^2+BC^2=AB^2$ なので

$$AB=\sqrt{AC^2+BC^2}$$
$$=\sqrt{(c-a)^2+(d-b)^2}$$

使い方 2　a が負の数のとき

2点 A(-1, 6), B(7, 2) 間の距離を求める。

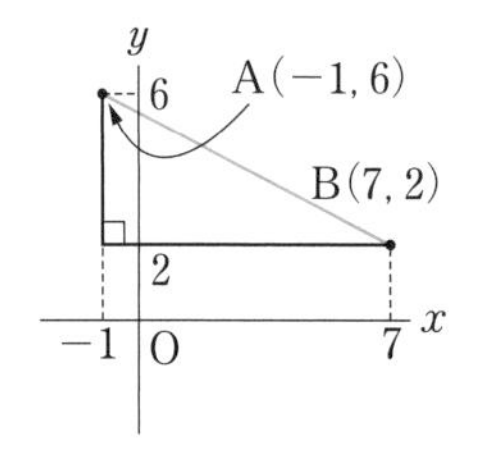

公式に $a=-1$, $b=6$, $c=7$, $d=2$ を代入すると,

$$\sqrt{\{7-(-1)\}^2+(2-6)^2}$$
$$=\sqrt{8^2+(-4)^2}$$
$$=\sqrt{80}$$
$$=4\sqrt{5}$$

注意⚠

座標の値に負の数があるときは, 符号に気をつけること。

使い方 3　a, b が負の数のとき

2点 A(-3, -2), B(4, 1) 間の距離を求める。

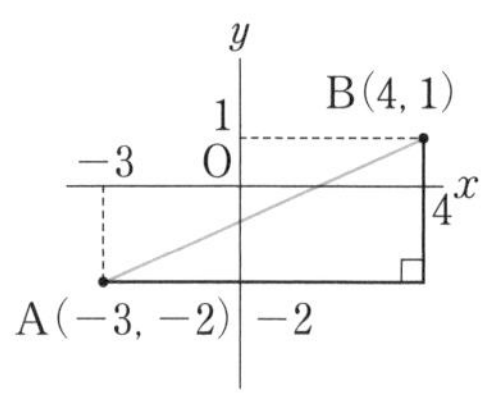

公式に $a=-3$, $b=-2$, $c=4$, $d=1$ を代入すると,

$$\sqrt{\{4-(-3)\}^2+\{1-(-2)\}^2}$$
$$=\sqrt{7^2+3^2}$$
$$=\sqrt{58}$$

使い方 4　a, b, c, d が負の数のとき

2点 A(-8, -4), B(-2, -6) 間の距離を求める。

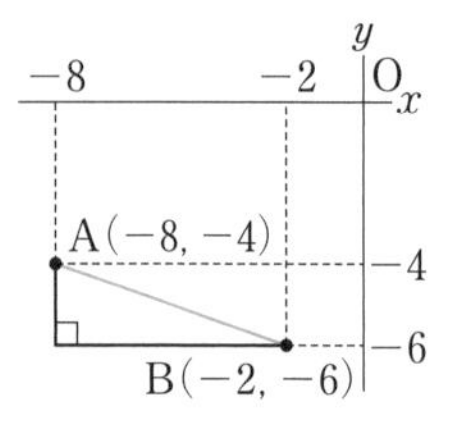

公式に $a=-8$, $b=-4$, $c=-2$, $d=-6$ を代入すると,

$$\sqrt{\{-2-(-8)\}^2+\{-6-(-4)\}^2}$$
$$=\sqrt{6^2+(-2)^2}$$
$$=\sqrt{40}$$
$$=2\sqrt{10}$$

正方形の対角線の長さ 3年

▼正方形の1辺の長さから対角線【▶ P.115】の長さを求める公式

公式

1辺の長さが a の正方形の対角線の長さ ℓ は,

$\ell=\sqrt{2}\,a$

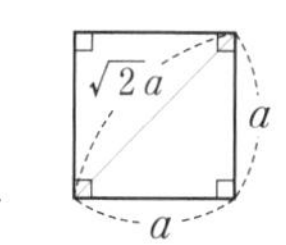

◉正方形の1辺の長さがわかれば，対角線の長さを公式から求めることができる。

使い方 1 正方形の対角線

1辺の長さが9 cmの正方形の対角線の長さを求める。

1辺の長さ a を9として，公式を使うと,

$\sqrt{2}\times9=9\sqrt{2}$ (cm)

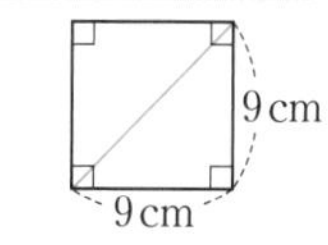

使い方 2 正四角錐の底面の正方形の対角線

右の図のような，正四角錐の底面の正方形の対角線BDの長さを求める。

底面の正方形の1辺の長さは8 cmであるから，1辺の長さ a を8として，公式を使うと,

$\sqrt{2}\times8=8\sqrt{2}$ (cm)

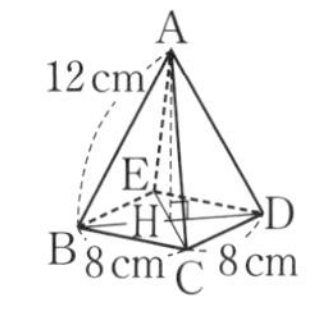

ワンポイント

右上の図で，$BD=8\sqrt{2}$ cmが求められれば，正四角錐の高さAHが求められる。

$BH=\frac{1}{2}BD=\frac{1}{2}\times8\sqrt{2}=4\sqrt{2}$ (cm)

であるから，△ABHで，三平方の定理【▶ P.132】より,

$AB^2=AH^2+BH^2$

$AH^2=12^2-(4\sqrt{2})^2=112$

$AH>0$ より，$AH=\sqrt{112}=4\sqrt{7}$ (cm)

正三角形の高さ 3年

▼正三角形【▶ P.112】の1辺の長さから高さを求める公式

公式

1辺の長さが a の正三角形の高さ h は，

$$h=\frac{\sqrt{3}}{2}a$$

◉正三角形の1辺の長さがわかれば，正三角形の高さを求めることができる。

使い方1 正三角形の高さを求める

右の図のような，1辺の長さが6 cmの正三角形ABCの高さAHを求める。

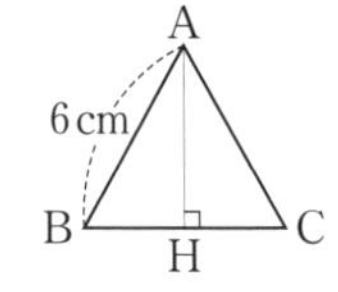

1辺の長さ a を6として，公式を使うと，

$$AH=\frac{\sqrt{3}}{2}\times6=3\sqrt{3}\ (cm)$$

ワンポイント

この公式は，次のように導かれる。右の図で，△ABHは30°，60°，90°の直角三角形であるから，AH：AB＝$\sqrt{3}$：2より，

$$2AH=\sqrt{3}\ AB$$

よって，$AH=\frac{\sqrt{3}}{2}AB=\frac{\sqrt{3}}{2}a$

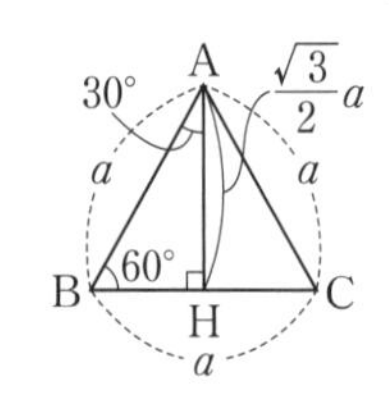

使い方2 正三角形の面積を求める

右の図のような，1辺の長さが10 cmの正三角形ABCの面積 S を求める。

高さAHは，1辺の長さ a を10として，公式を使うと，$AH=\frac{\sqrt{3}}{2}\times10=5\sqrt{3}\ (cm)$

よって，面積 S は，$S=\frac{1}{2}\times10\times5\sqrt{3}=25\sqrt{3}\ (cm^2)$

直方体と立方体の対角線の長さ 3年

▼直方体の縦，横，高さ，立方体の1辺の長さからそれぞれの対角線【▶ P.115】の長さを求める公式

公式

縦が a，横が b，高さが c の直方体の対角線の長さ ℓ は，

$$\ell=\sqrt{a^2+b^2+c^2}$$

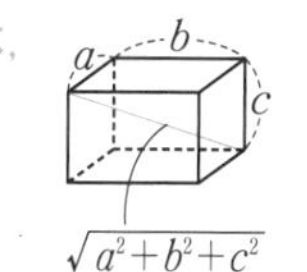

◉直方体の縦，横，高さの値を公式にあてはめると，対角線の長さを求めることができる。

1辺の長さが a の立方体の対角線の長さ ℓ' は，

$$\ell'=\sqrt{3}\,a$$

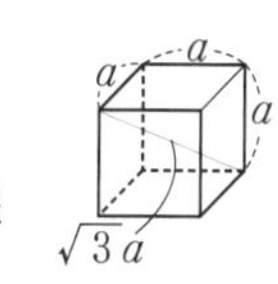

◉立方体の1辺の長さを公式にあてはめると，対角線の長さを求めることができる。

使い方 1 直方体の対角線

右の図の直方体の対角線 AG の長さを求める。

縦 a を3，横 b を7，高さ c を6として，公式を使うと，$AG=\sqrt{3^2+7^2+6^2}=\sqrt{94}$ (cm)

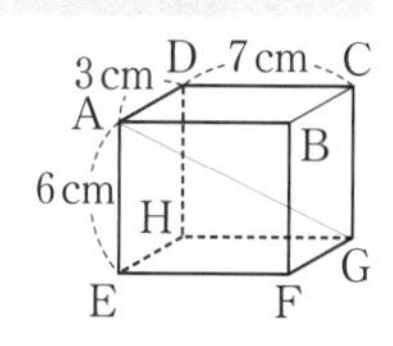

Column

公式を使わずに対角線 AG の長さを求める。

AとCを結ぶと，△ABC で三平方の定理【▶ P.132】より，$AC^2=AB^2+BC^2=7^2+3^2=58$

△ACG で，三平方の定理より，

$AG^2=AC^2+CG^2=58+6^2=94$

$AG>0$ より，$AG=\sqrt{94}$ cm

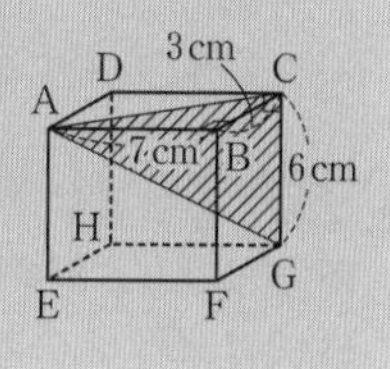

ワンポイント

直方体の対角線の長さはすべて等しい。

$AG=BH=CE=DF$

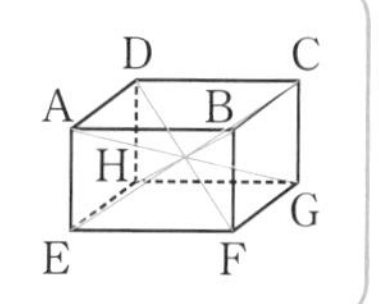

使い方 2 立方体の対角線

右の図の立方体の対角線 AG の長さを求める。

1辺の長さ a を8として，立方体の対角線の長さを求める公式を使うと，

$\mathrm{AG}=\sqrt{3}\times 8=8\sqrt{3}$ (cm)

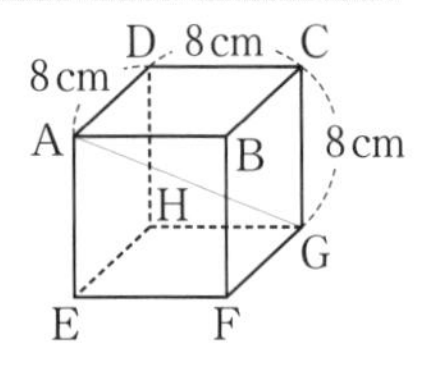

ワンポイント

立方体の対角線の長さを求める公式は，直方体の対角線の長さを求める公式の a，b，c をすべて等しく a と考えると，

$\sqrt{a^2+a^2+a^2}=\sqrt{3a^2}=\sqrt{3}\,a$ $(a>0)$

となることより導かれる。

Column

公式を使わずに対角線 AG の長さを求める

A と C を結ぶと△ABC は，45°，45°，90° の直角二等辺三角形であるから，

$\mathrm{AC}=\sqrt{2}\,\mathrm{AB}=8\sqrt{2}$ (cm)

△ACG で，三平方の定理より，

$\mathrm{AG}^2=\mathrm{AC}^2+\mathrm{CG}^2$

$=(8\sqrt{2})^2+8^2$

$=192$

$\mathrm{AG}>0$ より，$\mathrm{AG}=\sqrt{192}=8\sqrt{3}$ (cm)

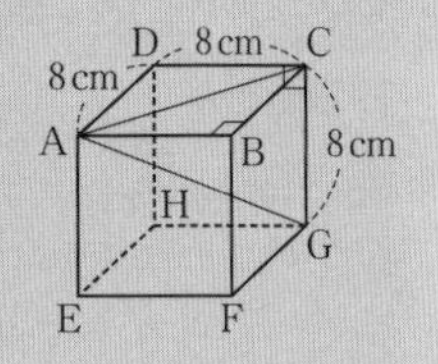

使い方 3 立方体の1辺の長さ

右の図の立方体の1辺の長さを求める。

対角線 AG の長さは $3\sqrt{6}$ cm であるから，立方体の1辺の長さを x cm とすると，公式より，

$\sqrt{3}\,x=3\sqrt{6}$

$x=\dfrac{3\sqrt{6}}{\sqrt{3}}=3\sqrt{2}$

より，立方体の1辺の長さは $3\sqrt{2}$ cm

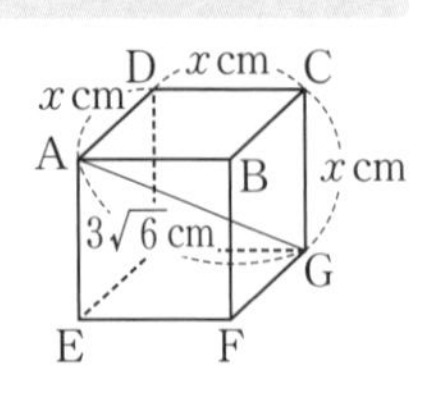

正四面体の底面積・高さ・体積 3年

▼正四面体の1辺の長さから，底面積，高さ，体積を求める公式

公式

1辺の長さが a の正四面体の底面積 S，高さ h，体積 V は

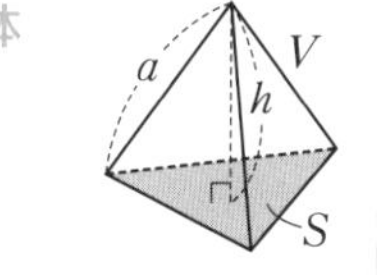

$$S=\frac{\sqrt{3}}{4}a^2,\ h=\frac{\sqrt{6}}{3}a,\ V=\frac{\sqrt{2}}{12}a^3$$

◉正四面体の1辺の長さを公式にあてはめると，底面積，高さ，体積を求めることができる。

使い方 正四面体の底面積，高さ，体積

右の図のような，1辺が 12 cm の正四面体の底面積 S，高さ h，体積 V を求める。

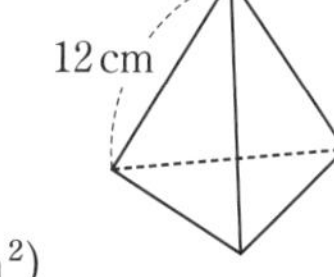

底面積は，1辺の長さ a を 12 として，公式

$S=\frac{\sqrt{3}}{4}a^2$ を使うと，$S=\frac{\sqrt{3}}{4}\times12^2=36\sqrt{3}$ (cm²)

高さは，1辺の長さ a を 12 として，公式 $h=\frac{\sqrt{6}}{3}a$ を使うと，

$$h=\frac{\sqrt{6}}{3}\times12=4\sqrt{6}\ (\mathrm{cm})$$

体積は，1辺の長さ a を 12 として，$V=\frac{\sqrt{2}}{12}a^3$ を使うと，

$$V=\frac{\sqrt{2}}{12}\times12^3=144\sqrt{2}\ (\mathrm{cm}^3)$$

ワンポイント

底面積を求める公式 $S=\frac{\sqrt{3}}{4}a^2$ を利用すれば，1辺の長さが a の正四面体の表面積【▶ P.93】は，$\frac{\sqrt{3}}{4}a^2\times4=\sqrt{3}\,a^2$ と表すことができる。

Column

1辺の長さがaの正四面体の底面積，高さ，体積を求める公式は，次のように導かれる。

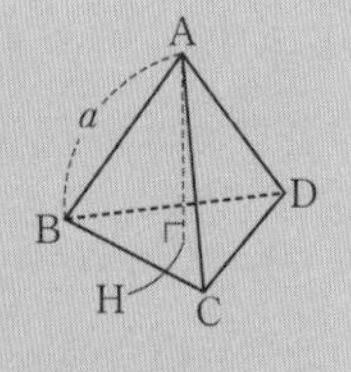

①底面積 $S=\dfrac{\sqrt{3}}{4}a^2$

底面は，1辺の長さaの正三角形BCDであり，1辺の長さaの正三角形の高さは

$\dfrac{\sqrt{3}}{2}a$であるから，

$$S=\frac{1}{2}\times a\times\frac{\sqrt{3}}{2}a=\frac{\sqrt{3}}{4}a^2$$

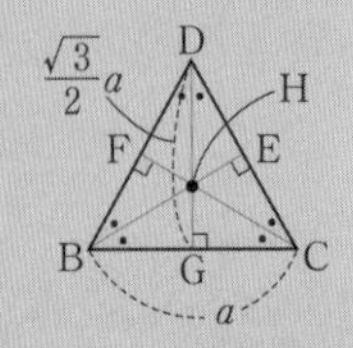

②高さ $h=\dfrac{\sqrt{6}}{3}a$

△BCDで，各頂点から対辺に垂線をひき，対辺との交点をそれぞれE，F，Gとすると，BE，CF，DGの交点が，Hとなる。

△BGHは，30°，60°，90°の直角三角形であるから，

$$BH=\frac{2}{\sqrt{3}}BG=\frac{2}{\sqrt{3}}\times\frac{a}{2}=\frac{a}{\sqrt{3}}=\frac{\sqrt{3}}{3}a$$

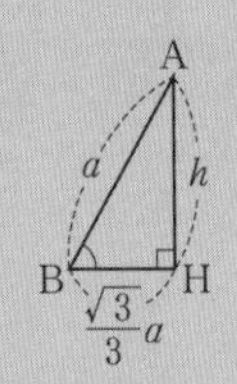

△ABHで，三平方の定理【▶ P.132】より，$AB^2=AH^2+BH^2$

よって，$a^2=h^2+\left(\dfrac{\sqrt{3}}{3}a\right)^2$ であるから，

$$h^2=a^2-\left(\frac{\sqrt{3}}{3}a\right)^2=\frac{2}{3}a^2$$

$h>0$ より，$h=\sqrt{\dfrac{2}{3}}a=\dfrac{\sqrt{6}}{3}a$

③体積 $V=\dfrac{\sqrt{2}}{12}a^3$

①，②より，$V=\dfrac{1}{3}Sh=\dfrac{1}{3}\times\dfrac{\sqrt{3}}{4}a^2\times\dfrac{\sqrt{6}}{3}a=\dfrac{\sqrt{2}}{12}a^3$

データの活用編

データの活用

確率とデータの活用

標本調査

データの活用

度数分布・データの代表値と散らばり 1年

階級(かいきゅう) 基本

データを整理するのに使った区間。

例 右のような表で，「5分以上10分未満」，「10分以上15分未満」，…の1つ1つが階級。

1年1組の生徒の家から駅までの所要時間

所要時間(分)	度数(人)	累積度数(人)
以上 未満		
5 ～ 10	6	6
10 ～ 15	11	17
15 ～ 20	8	25
20 ～ 25	4	29
25 ～ 30	1	30
計	30	

度数(どすう) 基本

各階級に入っているデータの個数。

例 右上のような表で，5分以上10分未満の度数は6人。

度数分布表(どすうぶんぷひょう) 基本

データをいくつかの階級に分けて，階級ごとにその度数を整理した表。

例 右上のような，階級ごとの度数が表された表。

累積度数(るいせきどすう)

各階級で，最初の階級からその階級までの度数の合計。

例 右上の表の右端の列のように，度数分布表に累積度数をふくめて表すこともある。

階級の幅(はば) 基本

データを整理するのに使った区間の幅。

例 右上の表では，所要時間を5分ごとに区切って整理しているので，階級の幅は5分。

ヒストグラム（柱状(ちゅうじょう)グラフ）基本

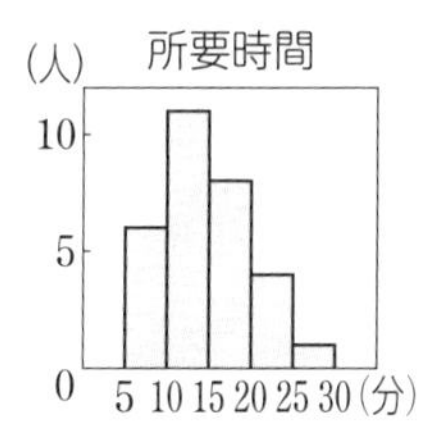

各階級【▶ P.144】の度数【▶ P.144】を長方形を使って表したグラフ。

◉ヒストグラムは長方形の横を階級の幅，縦を度数として，各階級ごとの長方形を並べてかく。

例 右のグラフは，P.144 の度数分布表をヒストグラムに表したものである。

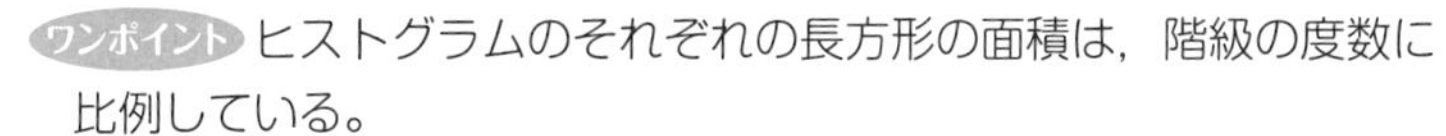
ワンポイント ヒストグラムのそれぞれの長方形の面積は，階級の度数に比例している。

度数分布多角形（度数折れ線）基本

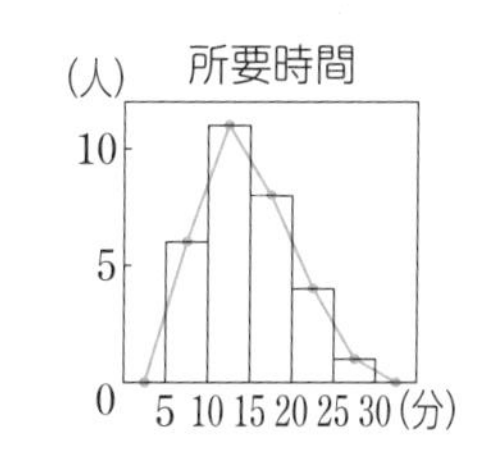

ヒストグラムの各長方形の上の辺の中点【▶ P.81】を結んでできる折れ線グラフ。

注意⚠ 両端に度数 0 の階級があるものとして，グラフの両端は，それぞれ横軸上の点と結ぶこと。

例 右のグラフは，上のヒストグラムをもとにしてつくった度数分布多角形である。

相対度数(そうたいどすう) 基本

各階級【▶ P.144】の度数【▶ P.144】の，度数の合計に対する割合。

$$\text{相対度数}=\frac{\text{各階級の度数}}{\text{度数の合計}}$$

例 P.144 の度数分布表で，15 分以上 20 分未満の階級の度数は 8 人，度数の合計は 30 人であるから，この階級の相対度数を小数第 2 位まで求めると，

$$\frac{8}{30}=0.2\overset{7}{6}6\cdots$$

累積相対度数（るいせきそうたいどすう）

各階級で，最初の階級からその階級までの相対度数【▶ P.145】の合計。

例 下の，1 年 1 組の生徒の家から駅までの所要時間の表で，15 分以上 20 分未満の階級の累積相対度数は，0.20＋0.37＋0.27 ＝ 0.84

Column

度数【▶ P.144】の合計が異なるデータを比較するとき，相対度数【▶ P.145】を用いれば，度数の合計の違いに関係なく，比較することができる。

例 1 年 1 組の生徒の家から駅までの所要時間

所要時間(分)	度数(人)	相対度数
以上　未満		
5 ～ 10	6	0.20
10 ～ 15	11	0.37
15 ～ 20	8	0.27
20 ～ 25	4	0.13
25 ～ 30	1	0.03
計	30	1.00

1 年 2 組，1 年 3 組の生徒の家から駅までの所要時間

所要時間(分)	度数(人)	相対度数
以上　未満		
5 ～ 10	10	0.14
10 ～ 15	14	0.20
15 ～ 20	28	0.40
20 ～ 25	13	0.19
25 ～ 30	5	0.07
計	70	1.00

上の表をもとにして，2 つのデータの所要時間についての相対度数を度数分布多角形【▶ P.145】に表すと，次のようになる。

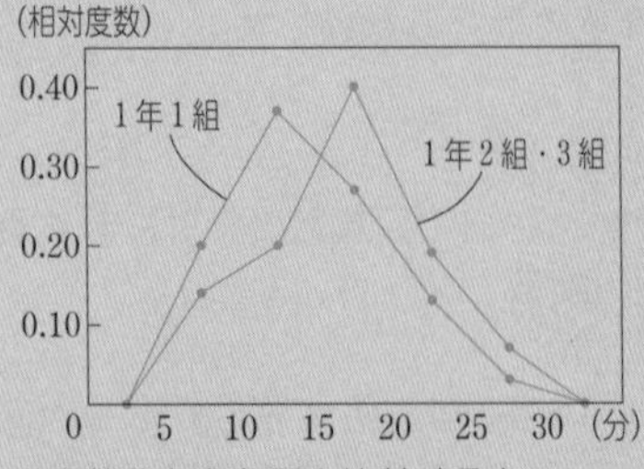

2 つの度数分布多角形を比較すると，

・1 年 2 組・3 組のグラフの山になっている部分が，1 組のグラフよりも右にあるので，2 組・3 組の生徒の方が所要時間が長い生徒の割合が大きいといえる。

2 つの度数分布表を比較すると，

・所要時間が 15 分未満の人数を比べると，1 組が 17 人，2 組・3 組が 24 人だが，累積相対度数は 1 組が 0.57，2 組・3 組が 0.34 なので，1 組の方が 15 分未満の生徒の割合は大きい。

代表値 基本

データの特徴や傾向を，代表となる1つの値を基準にして判断することが多い。この代表とする値のことを代表値という。

例 平均値（へいきんち），中央値（メジアン），最頻値（さいひんち）（モード）など。

平均値 基本

n 個の値からなるデータにおいて，n 個の値の総和を n でわったものをそのデータの平均値という。

$$平均値=\frac{データの個々の値の合計}{データの個数}$$

例 5回のテストの得点が，82点，73点，91点，80点，64点のときの平均値は，$(82+73+91+80+64)\div5=78$（点）

ワンポイント データの1つ1つの値がわからなくても，度数分布表があれば，

$$\frac{\{(階級値)\times(度数)\}の合計}{(度数の合計)}$$

を使って平均値を求めることができる。

1年1組の所要時間の平均値は，

$$\frac{440}{30}=14.66\cdots(分)$$

1年2組，1年3組の所要時間の平均値は，

$$\frac{1170}{70}=16.71\cdots(分)$$

ふつう，データの個々の値から求める平均値と，度数分布表から求める平均値は一致しないが，大きな違いはない。

1年1組の生徒の家から駅までの所要時間

所要時間(分)	階級値(分)	度数(人)	階級値×度数
以上 未満 5 ～ 10	7.5	6	45
10 ～ 15	12.5	11	137.5
15 ～ 20	17.5	8	140
20 ～ 25	22.5	4	90
25 ～ 30	27.5	1	27.5
計		30	440

1年2組，1年3組の生徒の家から駅までの所要時間

所要時間(分)	階級値(分)	度数(人)	階級値×度数
以上 未満 5 ～ 10	7.5	10	75
10 ～ 15	12.5	14	175
15 ～ 20	17.5	28	490
20 ～ 25	22.5	13	292.5
25 ～ 30	27.5	5	137.5
計		70	1170

階級値

度数分布表【▶ P.144】で，各階級【▶ P.144】の中央の値。

例 5分以上10分未満の階級の階級値は，$\frac{5+10}{2}=7.5$(分)

中央値（メジアン）基本

データの値を大きさの順に並べたとき，中央にくる値。

例 5回の漢字テストの結果が，8点，6点，3点，4点，7点のとき，中央値は3番目に低い6点

注意 データの個数が偶数（ぐうすう）のときは，中央にくる2つの値の平均値【▶ P.147】を中央値とする。

例 6回の漢字テストの結果が，3点，3点，4点，6点，7点，9点のとき，中央値は，3番目に低い4点と，4番目に低い6点の平均をとって，$\frac{4+6}{2}=5$(点)

最頻値（さいひんち）（モード）基本

データの中でもっとも多く現れる値，または，度数分布表【▶ P.144】で度数【▶ P.144】がもっとも多い階級の階級値。

例 P.144の度数分布表では，最頻値は10分以上15分未満の階級の階級値である12.5分

最小値 基本

データの値の中で，もっとも小さい値。

最大値 基本

データの値の中で，もっとも大きい値。

範囲（はんい）（レンジ）基本

データの最大値と最小値の差。

範囲＝データの最大値－データの最小値

例 6回の漢字テストの結果が，3点，3点，4点，6点，7点，9点のとき，範囲は，$9-3=6$(点)

Column

平均値や中央値がまったく同じデータでも，範囲【▶ P.148】が異なると，分布のようすが違ってくる。
このようなデータを比較する場合は，代表値の比較だけでなく，散らばり(範囲)を調べることも重要である。

例 A さんと B さんが，10 回のテストを行った結果を，得点の低い方から並べると，以下の通りであった。

A さん　70，72，74，76，83，87，88，88，90，92 (点)
B さん　52，69，73，80，81，89，90，92，95，99 (点)

A さん，B さんとも，10 回のテストの合計点は 820 点であるから，2 人とも平均値は，$820\div10=82$ (点)
中央値についても，

A さん　$\dfrac{83+87}{2}=85$ (点)　　B さん　$\dfrac{81+89}{2}=85$ (点)

であり，2 人とも同じ 85 点である。
範囲は，

A さん　$92-70=22$ (点)
B さん　$99-52=47$ (点)

であるから，B さんの得点の分布の方が A さんと比べて散らばっていることがわかる。
さらに，度数分布表【▶ P.144】とヒストグラム【▶ P.145】をかくと，以下のようになる。

テストの得点

得点(点)			度数(回)	
			A	B
以上 50	～	未満 60	0	1
60	～	70	0	1
70	～	80	4	1
80	～	90	4	3
90	～	100	2	4
計			10	10

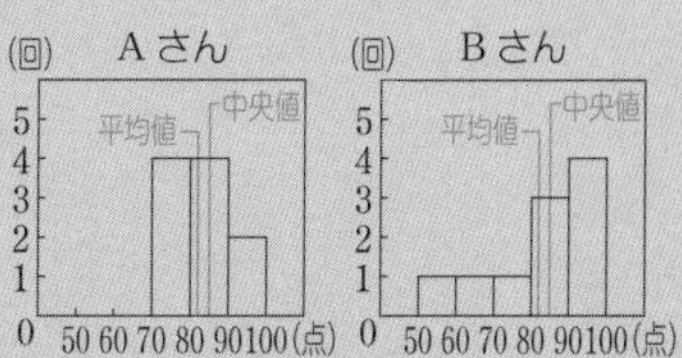

A さんは，平均値の近くに値がかたまっているが，B さんは得点が散らばっていることがわかる。

確率 基本

結果が偶然により左右される実験や観察を行うとき，あることがらの起こりやすさの程度を表す数。

例 下の表は，1個の画びょうを何回も投げたとき，針が上を向いた回数とその相対度数をまとめたものである。（相対度数は，四捨五入して小数第2位までの値を表している。）

投げた回数	200	500	1000	1500	2000
針が上を向いた回数	72	184	364	530	704
針が上を向いた相対度数	0.36	0.37	0.36	0.35	0.35

この表から，投げた回数が多くなるほど，針が上を向いた相対度数は，0.35 に近づくことがわかり，この相対度数 0.35 は，針が上を向くことの起こりやすさの程度を表していると考えられる。
よって，画びょうを投げるとき，針が上を向く確率は 0.35 であるといえる。

Column

起こりやすさを求める実験

上のような実験で確率を求めたが，実際には，同じ実験を何回かくり返し行った上で結論づける必要がある。

下の図は，ペットボトルのキャップを何回も投げて表向きになる回数を調べる実験を何回か行い，その結果を表したものである。

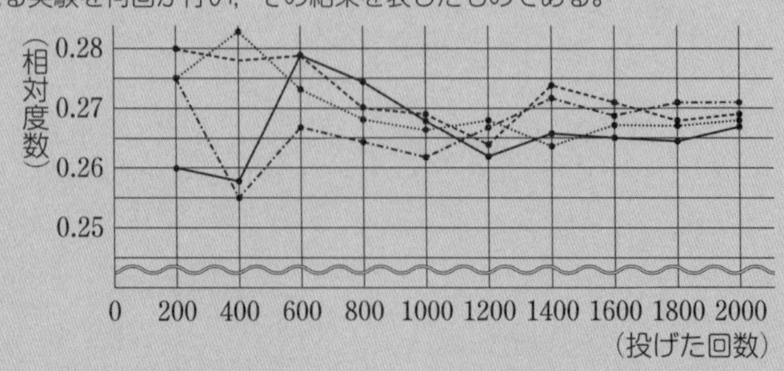

表を向く相対度数は，投げる回数が少ないとばらつきがあるが，投げる回数が多くなると，0.27 に近づいていくことがわかる。

確率とデータの活用

確率の求め方 2年

確率(かくりつ)の求め方

起こりうる場合が全部で n 通りあり，そのどの場合が起こることも同様に確からしいとすると，ことがらAが起こる場合が a 通りあるとき，ことがらAの起こる確率 p は，

$$p=\frac{a}{n} \quad (0 \leqq p \leqq 1)$$

同様に確からしい

起こりうる場合 n 通りのうち，どの場合が起こることも同じ程度の頻度で起こると期待できるとき，同様に確からしいという。

樹形図 基本

右の図のような，起こりうるすべての場合を整理して数え上げるときに使う図。

例 右の図は，100円硬貨1枚と10円硬貨1枚を同時に投げたときの表裏の出方について，表を○，裏を×としてかいた樹形図である。(全部で4通り。)

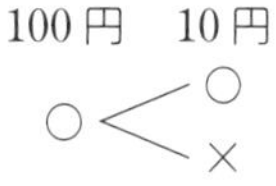

場合の数 基本

あることがらが起こりうる場合が n 通りあるとき，そのことがらの場合の数は n 通りであるという。

Column

Aが起こらない確率

Aが起こる確率が $\frac{a}{n}$ のとき，Aが起こらない確率は $1-\frac{a}{n}$ である。

箱ひげ図と四分位範囲 2年

四分位数 基本

データを小さい順に並べて4等分したとき区切りとなる，第1四分位数，第2四分位数(中央値)，第3四分位数の3つの値。

第1四分位数

四分位数のうちの，もっとも小さい値。データの数で全体を半分に分けたときの，前半部分の中央値【▶ P.148】となる。

第2四分位数

四分位数のうちの，真ん中の値。データ全体の中央値【▶ P.148】となる。

第3四分位数

四分位数のうちの，もっとも大きい値。データの数で全体を半分に分けたときの，後半部分の中央値【▶ P.148】となる。

箱ひげ図 基本

下の図のように，最小値【▶ P.148】，第1四分位数，中央値(第2四分位数)，第3四分位数，最大値【▶ P.148】を1つの図にまとめたもの。

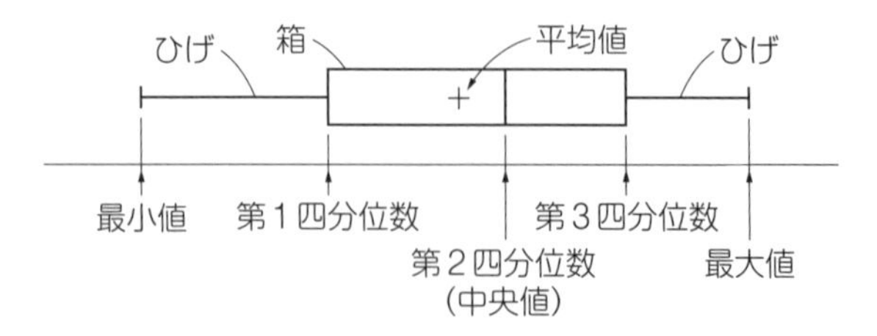

四分位範囲

第3四分位数から第1四分位数をひいた差。箱ひげ図では，箱の横の長さで表される。四分位範囲は，データの極端に離れた値の影響をほとんど受けない。

標本調査

標本調査・標本調査の利用 3年

全数調査(ぜんすうちょうさ) 基本

調査対象となっている集団のすべてについて調べること。

例 国勢調査，学校での身体測定など。

標本調査(ひょうほんちょうさ) 基本

調査対象となっている集団の一部を取り出して調査し，全体の性質を推測するような調査方法。

例 電球の耐久検査，視聴率調査など。

母集団(ぼしゅうだん) 基本

標本調査を行うとき，性質を調べたい集団全体のこと。

例 A 市の中学生 6823 人から，200 人を選び出して，あるテレビ番組の視聴率を調査する。
この調査の母集団は，A 市の中学生 6823 人。

標本 基本

標本調査を行うとき，母集団から取り出して実際に調査したデータ。

例 A 市の中学生 6823 人から，200 人を選び出して，あるテレビ番組の視聴率を調査する。
この調査の標本は，選び出した 200 人。

標本の大きさ 基本

取り出したデータの個数のこと。

例 A 市の中学生 6823 人から，200 人を選び出して，あるテレビ番組の視聴率を調査する。

この調査の標本の大きさは，選び出した人の数の 200 人。

無作為に抽出する（むさくい ちゅうしゅつ）

母集団【▶ P.153】からかたよりのないように標本【▶ P.153】を取り出すこと。

ワンポイント 無作為に抽出するには次のような方法などがある。

①乱数さいを使う。

②乱数表を使う。

③コンピュータを使う。

乱数さい

正二十面体のさいころで，各面には0から9までの数字が2回ずつ書かれていて，どの目が出る確率も等しくなっている。

例 乱数さいを 2 個用意し，一方の出た目の数を十の位の数，もう一方の出た目の数を一の位の数とすれば，00 から 99 までの数を 1 つ決めることができる。

乱数表

0から9までの数字を不規則に，かつ，各数字が現れる確率が等しくなるように並べた表。

高校編

乗法公式

2次式の因数分解の公式

1次不等式の解

2次関数

三角形の面積と内接円の半径

この編では，中学校で学習する数学と関連が深い高校1年の数学の内容を掲載しています。少し先のことが知りたいときや高校生になったときなどに役立ててください。

高校編 **乗法公式**

乗法公式

▼$(ax+b)(cx+d)$ を展開するために使う乗法公式

公式

乗法公式

$$(ax+b)(cx+d)=acx^2+(ad+bc)x+bd$$

◉公式を使えば，x の係数が 1 でない 1 次式の積の展開ができる。

使い方 1 $(ax+b)(cx+d)$ の展開

$(4x+1)(3x-8)$ を展開する。

$a=4$，$b=1$，$c=3$，$d=-8$ を公式に代入すると，

$$\begin{aligned}&(4x+1)(3x-8)\\&=(4\times3)x^2+\{4\times(-8)+1\times3\}x+1\times(-8)\\&=12x^2-29x-8\end{aligned}$$

注意

◉a，b，c，d の値に負の数があるときは，かっこをつけて考える。

Column

$(a+b+c)^2$ の展開

3 つの項の和の 2 乗を展開する公式で，

$$(a+b+c)^2=a^2+b^2+c^2+2ab+2bc+2ca$$

がある。この公式は，次のように $b+c$ を x として，展開の公式②【▶ P.40】を使うと導くことができる。

$(a+b+c)^2$ で $b+c$ を x とすると，$(a+x)^2$ と表せる。これを展開すると，$(a+x)^2=a^2+2ax+x^2$ となり，x を $b+c$ にもどすと，

$$a^2+2a(b+c)+(b+c)^2=a^2+2ab+2ac+b^2+2bc+c^2$$

よって，$(a+b+c)^2=a^2+b^2+c^2+2ab+2bc+2ca$

2次式の因数分解の公式

2次式の因数分解の公式

▼x^2 の係数【▶ P.23】が1ではない2次式の因数分解の公式

公式

因数分解の公式

$$acx^2+(ad+bc)x+bd=(ax+b)(cx+d)$$

◉x^2 の係数が1ではないときに，この公式を使って因数分解ができるかどうか考えるとよい。

使い方 1 $ac>0$，$ad+bc>0$，$bd>0$ のとき

$5x^2+16x+3$ を因数分解する。

公式より，$ac=5$…①，$ad+bc=16$…②，$bd=3$…③

①，②，③を満たす a，b，c，d を見つける。

①より，$a=1$，$c=5$ とする。

③より，$b=1$，$d=3$ または，$b=3$，$d=1$

このうち，②を満たす a，b，c，d の組み合わせは，

$a=1$，$b=3$，$c=5$，$d=1$

よって，$5x^2+16x+3=(x+3)(5x+1)$

a	b	
1	3	$\xrightarrow{bc}$ 15
5	1	$\xrightarrow{ad}$ 1
5	3	16
ac	bd	$ad+bc$

使い方 2 $ac>0$，$ad+bc>0$，$bd<0$ のとき

$6x^2+11x-7$ を因数分解する。

公式より，$ac=6$，$ad+bc=11$，$bd=-7$

積が6となるのは，1×6，2×3

積が -7 となるのは，$(-1)\times7$，$1\times(-7)$ であるから，$ad+bc=11$ を満たす組み合わせは，

$a=2$，$b=-1$，$c=3$，$d=7$

よって，$6x^2+11x-7=(2x-1)(3x+7)$

2	-1	→ -3
3	7	→ 14
6	-7	11

使い方 3 $ac>0,\ ad+bc<0,\ bd<0$ **のとき**

$4x^2-7x-15$ **を因数分解する。**

公式より，$ac=4$，$ad+bc=-7$，$bd=-15$

積が 4 となるのは，1×4，2×2

積が -15 となるのは，$1\times(-15)$，$3\times(-5)$，$5\times(-3)$，$15\times(-1)$

a，b，c，d のとりうる値の中で，

$ad+bc=-7$ を満たす組み合わせは，

$a=1$，$b=-3$，$c=4$，$d=5$

よって，$4x^2-7x-15=(x-3)(4x+5)$

$$\begin{array}{ccc} 1 & -3 & \to -12 \\ 4 & 5 & \to \ \ 5 \\ \hline 4 & & -7 \end{array}$$

使い方 4 $ac>0,\ ad+bc<0,\ bd>0$ **のとき**

$2x^2-15x+18$ **を因数分解する。**

公式より，$ac=2$，$ad+bc=-15$，$bd=18$

$ac>0$，$bd>0$ で，$ad+bc<0$ であるから，$a>0$，$c>0$ とすると，

$b<0$，$d<0$ である。

積が 2 となるのは，1×2 だけであるから，$a=1$，$c=2$ とする。

積が 18 となるのは，$(-1)\times(-18)$，$(-2)\times(-9)$，$(-3)\times(-6)$

a，b，c，d のとりうる値の中で，

$ad+bc=-15$ を満たす組み合わせは，

$a=1$，$b=-6$，$c=2$，$d=-3$

よって，$2x^2-15x+18=(x-6)(2x-3)$

$$\begin{array}{ccc} 1 & -6 & \to -12 \\ 2 & -3 & \to -3 \\ \hline 2 & 18 & -15 \end{array}$$

使い方 5 b，d **に文字を含むとき**

$3x^2+5xy-12y^2$ **を因数分解する。**

公式より，$ac=3$，$ad+bc=5y$，$bd=-12y^2$

積が 3 となるのは，1×3 であるから，$a=1$，$c=3$ とする。

積 bd が $-12y^2$ で $ad+bc$ が y の 1 次式となる bd は，

$y\times(-12y)$，$2y\times(-6y)$，$3y\times(-4y)$，$4y\times(-3y)$，

$6y\times(-2y)$，$12y\times(-y)$

a，b，c，d のとりうる値の中で，

$ad+bc=5y$ を満たす組み合わせは，

$a=1$，$b=3y$，$c=3$，$d=-4y$

よって，$3x^2+5xy-12y^2=(x+3y)(3x-4y)$

$$\begin{array}{ccc} 1 & 3y & \to 9y \\ 3 & -4y & \to -4y \\ \hline 3 & & 5y \end{array}$$

1次不等式の解

1次不等式の解

▼1次不等式 $ax>b$，$ax<b$ の解についての公式

公式

1次不等式 $ax>b$ の解は，

$a>0$ のとき，$x>\dfrac{b}{a}$

$a<0$ のとき，$x<\dfrac{b}{a}$

1次不等式 $ax<b$ の解は，

$a>0$ のとき，$x<\dfrac{b}{a}$

$a<0$ のとき，$x>\dfrac{b}{a}$

◉不等式は両辺を負の数でわると，不等号の向きが変わる。

ワンポイント

x を含む不等式があり，それにあてはまる x の値を，その不等式の解といい，不等式のすべての解を求めることを，不等式を解くという。不等式を解くときには，次の不等式の性質を使う。

①$a<b$ のとき，$a+c<b+c$

②$a<b$ のとき，$a-c<b-c$

③$a<b$，$c>0$ のとき，

$ac<bc$，$\dfrac{a}{c}<\dfrac{b}{c}$

④$a<b$，$c<0$ のとき，

$ac>bc$，$\dfrac{a}{c}>\dfrac{b}{c}$

④のように，不等式の両辺に負の数をかけたり，負の数でわったりすると，不等号の向きが変わる。

使い方 1 $ax>b$ の解（$a>0$）

1次不等式 $6x>30$ を解く。

公式で $a=6$，$b=30$ であるから，$x>\dfrac{30}{6}$ となり，$x>5$

使い方 2 $ax<b$ の解（$a<0$）

1次不等式 $-4x<12$ を解く。

公式で $a=-4$，$b=12$ であるから，$x>\dfrac{12}{-4}$ となり，$x>-3$

使い方 3 両辺に数の項があるとき

1次不等式 $5x-8>2$ を解く。

$5x-8>2$
　両辺に 8 をたして，$ax>b$ の形にする。
$5x>10$

公式で $a=5$，$b=10$ であるから，$x>\dfrac{10}{5}$ となり，$x>2$

使い方 4 両辺に x の項があるとき

1次不等式 $x-8\geqq 3x$ を解く。

x の項を左辺に，数の項を右辺に移項して，$ax\geqq b$ の形にする。

$x-8\geqq 3x$
　-8 を右辺に，$3x$ を左辺に移項する。
$x-3x\geqq 8$
　左辺を整理して，$ax\geqq b$ の形にする。
$-2x\geqq 8$

公式で $a=-2$，$b=8$ であるから，$x\leqq\dfrac{8}{-2}$ となり，$x\leqq -4$

使い方 5 両辺に x の項，数の項があるとき

1次不等式 $3x+1<7x-11$ を解く。

x の項を左辺に，数の項を右辺に移項して，$ax<b$ の形にする。

$3x+1<7x-11$
　1 を右辺に，$7x$ を左辺に移項する。
$3x-7x<-11-1$
　両辺を整理して，$ax<b$ の形にする。
$-4x<-12$

公式で $a=-4$，$b=-12$ であるから，$x>\dfrac{-12}{-4}$ となり，$x>3$

ワンポイント

1次不等式を解くには，x の項を左辺，数の項を右辺に移項してから，公式を利用する。

高校編 **2次関数**

2次関数 $y=ax^2+q$ のグラフ

▼2次関数 $y=ax^2+q$ のグラフの頂点の座標と軸の方程式

公式

2次関数 $y=ax^2+q$ のグラフについて，

頂点の座標　$(0,\ q)$

軸の方程式　$x=0$ (y 軸)

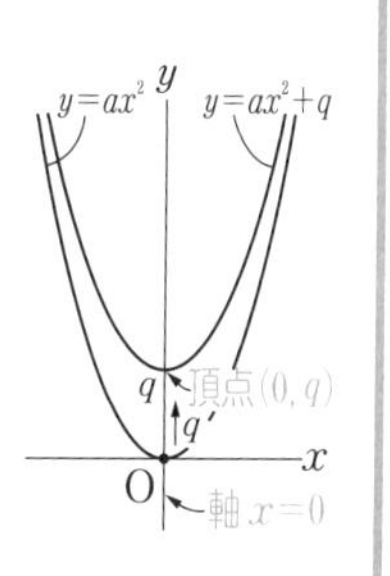

◉ 2次関数 $y=ax^2+q$ のグラフは，$y=ax^2$ のグラフを，y 軸方向に q だけ平行移動【▶ P.80】したものであるから，頂点は，$(0,\ 0)\to(0,\ q)$ へ移動する。

軸は，$y=ax^2$ の軸と同じ $x=0$ (y 軸) である。

使い方 1 $q>0$ のとき

2次関数 $y=x^2+1$ のグラフの頂点の座標と軸の方程式を求める。

$a=1$，$q=1$ であるから，

頂点の座標は，$(0,\ 1)$

軸の方程式は，$x=0$

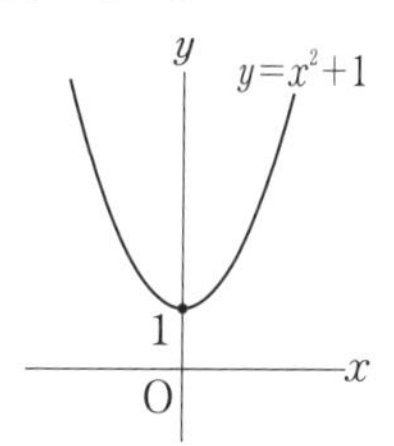

使い方 2 $q<0$ のとき

2次関数 $y=x^2-2$ のグラフの頂点の座標と軸の方程式を求める。

$a=1$，$q=-2$ であるから，

頂点の座標は，$(0,\ -2)$

軸の方程式は，$x=0$

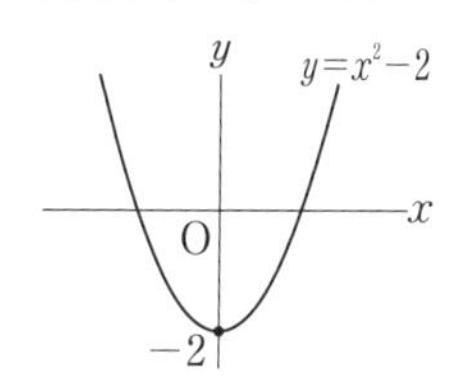

2次関数 $y=a(x-p)^2$ のグラフ

▼2次関数 $y=a(x-p)^2$ のグラフの頂点の座標と軸の方程式

公式

2次関数 $y=a(x-p)^2$ のグラフについて，

頂点の座標　$(p,\ 0)$

軸の方程式　$x=p$

◉ 2次関数 $y=a(x-p)^2$ のグラフは，$y=ax^2$ のグラフを，x 軸方向に p だけ平行移動【▶ P.80】したものである。

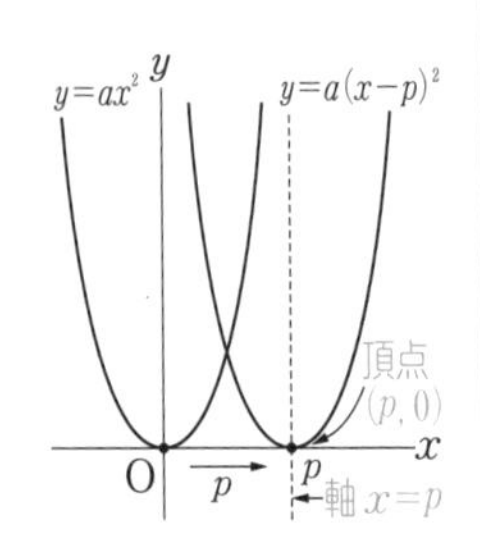

使い方 1　$p>0$ のとき

2次関数 $y=(x-4)^2$ のグラフの頂点の座標と軸の方程式を求める。

$a=1,\ p=4$ であるから，

頂点の座標は，$(4,\ 0)$

軸の方程式は，$x=4$

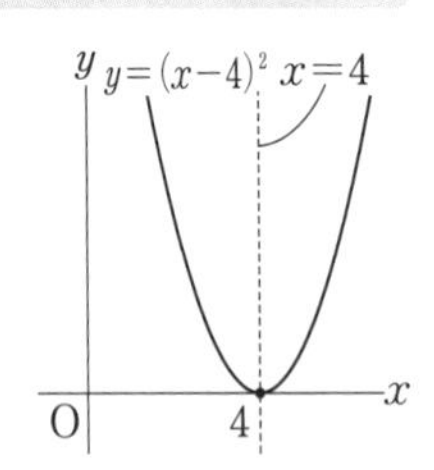

注意⚠

◉$y=ax^2$ を x 軸方向に p だけ平行移動したグラフ→$y=a(x-p)^2$

符号に注意すること。

使い方 2　$p<0$ のとき

2次関数 $y=2(x+1)^2$ のグラフの頂点の座標と軸の方程式を求める。

$y=2(x+1)^2$

$=2\{x-(-1)\}^2$

$a=2,\ p=-1$ であるから，

頂点の座標は，$(-1,\ 0)$

軸の方程式は，$x=-1$

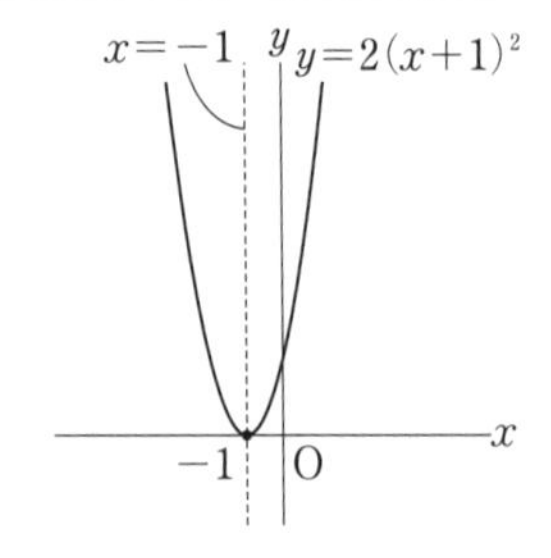

2次関数 $y=a(x-p)^2+q$ のグラフ

▼2次関数 $y=a(x-p)^2+q$ のグラフの頂点の座標と軸の方程式

公式

2次関数 $y=a(x-p)^2+q$ のグラフについて，
　　頂点の座標　$(p,\ q)$
　　軸の方程式　$x=p$

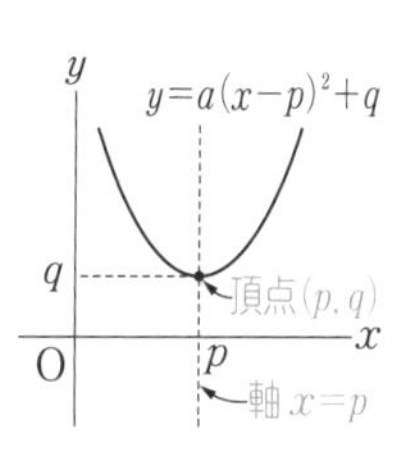

◉ 2次関数 $y=a(x-p)^2+q$ のグラフは，$y=ax^2$ のグラフを x 軸方向に p，y 軸方向に q だけ平行移動【▶ P.80】したものである。

使い方 1 頂点の座標，軸の方程式

2次関数 $y=(x+3)^2+2$ のグラフの頂点の座標と軸の方程式を求める。

$a=1$，$p=-3$，$q=2$ であるから，
　頂点の座標は，$(-3,\ 2)$
　軸の方程式は，$x=-3$

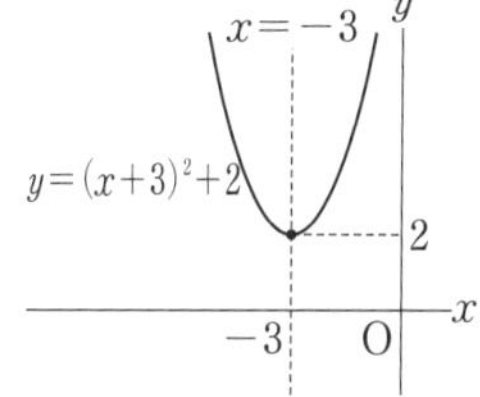

Column

2次関数のグラフ

中学の範囲では，関数 $y=ax^2$ を扱った。このように，y が x の2次式で表される関数のことを，高校では，2次関数とよぶ。

一般には，2次関数は $y=ax^2+bx+c(a\neq0)$ の形で表され，$y=ax^2$ は $b=0$，$c=0$ の場合である。

2次関数 $y=a(x-p)^2+q$ のグラフは，$y=ax^2$ のグラフを，x 軸方向に p，y 軸方向に q だけ平行移動したものであるから，頂点は $(0,\ 0)\rightarrow(p,\ q)$，軸は $x=0\rightarrow x=p$ へ移る。

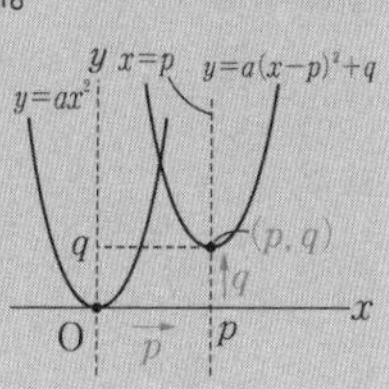

2次関数 $y=ax^2+bx+c$ のグラフ

▼2次関数 $y=ax^2+bx+c$ のグラフの頂点の座標と軸の方程式

公式

2次関数 $y=ax^2+bx+c$ のグラフについて，

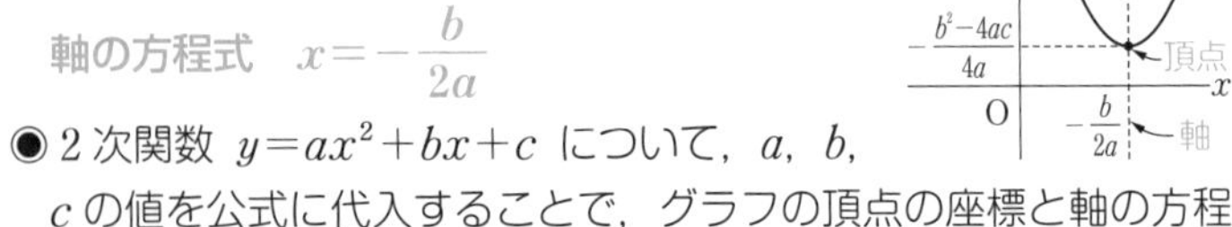

頂点の座標 $\left(-\dfrac{b}{2a},\ -\dfrac{b^2-4ac}{4a}\right)$

軸の方程式 $x=-\dfrac{b}{2a}$

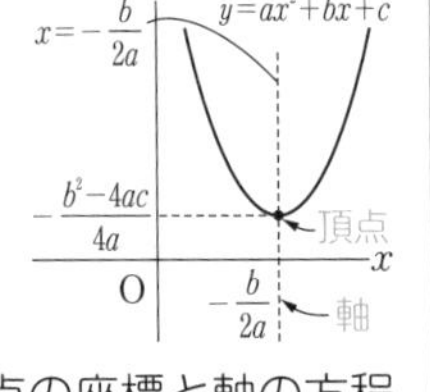

◉ 2次関数 $y=ax^2+bx+c$ について，a，b，c の値を公式に代入することで，グラフの頂点の座標と軸の方程式を求めることができる。

使い方 1 $a>0$ のグラフ

2次関数 $y=5x^2-10x+3$ のグラフの頂点の座標と軸の方程式を求める。

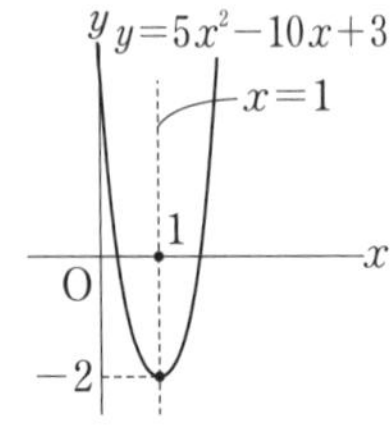

$a=5$，$b=-10$，$c=3$ であるから，

$$-\frac{b}{2a}=-\frac{-10}{2\times5}=1$$

$$-\frac{b^2-4ac}{4a}=-\frac{(-10)^2-4\times5\times3}{4\times5}=-2$$

より，頂点の座標は $(1,\ -2)$

軸の方程式は $x=1$

使い方 2 $a<0$ のグラフ

2次関数 $y=-\dfrac{1}{2}x^2+4x-5$ のグラフの頂点の座標と軸の方程式を求める。

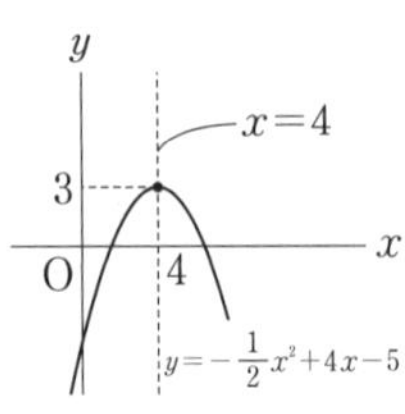

$a=-\dfrac{1}{2}$，$b=4$，$c=-5$ であるから，

$$-\frac{b}{2a}=4,\quad -\frac{b^2-4ac}{4a}=3$$

より，頂点の座標は $(4,\ 3)$

軸の方程式は $x=4$

三角形の面積と内接円の半径

▼三角形の面積を，その三角形の内接円【▶ P.116】の半径から求める公式

公式

△ABCの3辺の長さが a，b，c のとき，内接円の半径を r とすると，△ABCの面積 S は，

$$S=\frac{1}{2}r(a+b+c)$$

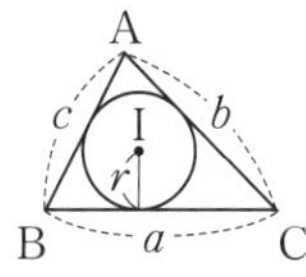

◉三角形の面積と，内接円の半径との関係を表した公式である。

使い方 1 内接円の半径から三角形の面積を求める

AB＝4 cm，BC＝9 cm，CA＝7 cm の△ABCで，内接円の半径が $\frac{3}{5}\sqrt{5}$ cm のとき，△ABCの面積 S を求める。

$a=9$，$b=7$，$c=4$，$r=\frac{3}{5}\sqrt{5}$ として，

公式を使うと，

$$S=\frac{1}{2}\times\frac{3}{5}\sqrt{5}\times(9+7+4)=6\sqrt{5}\ (\text{cm}^2)$$

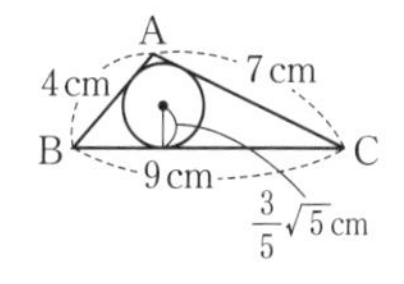

使い方 2 三角形の面積から内接円の半径を求める

AB＝6 cm，BC＝8 cm，CA＝10 cm の直角三角形 ABC の内接円の半径 r cm を求める。

三角形の面積 S は，$S=\frac{1}{2}\times6\times8=24\ (\text{cm}^2)$

であるから，$a=8$，$b=10$，$c=6$，$S=24$

として，公式を使うと，$24=\frac{1}{2}\times r\times(8+10+6)$

となる。よって，$r=2$

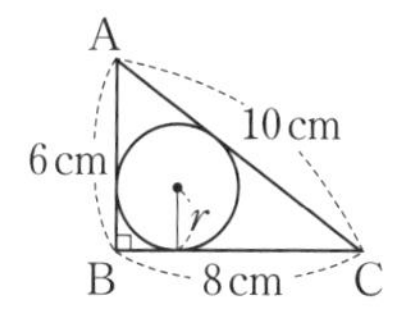

さくいん

①このさくいんでは，用語と公式の名前を50音順に並べてあります。
②1年 2年 3年のマークをつけ，学習する学年がわかるようにしました。
③記号やアルファベットではじまる用語や公式は別に項目を設けてあります。

あ行

か行

さ行

1年
2年
3年
さくいん

な行

は行

ま行

や行

ら行

わ行

記号・アルファベット